全国高职高专院校"十二五"规划教材

PLC 应用技术

主　编　潘益玲　陈　余

副主编　王　璇　杨　征　张秋容　张智慧

U0385438

中国水利水电出版社
www.waterpub.com.cn

内 容 提 要

本书从传送带控制系统的编程与实现、机械手控制系统的编程与实现、显示装置控制系统的编程与实现、变频调速系统的 PLC 控制与实现四个学习情境十三个学习性工作任务出发，以三菱可编程控制器（PLC）的原理及应用知识为主，以 FX$_{2N}$ 仿真软件的使用为拓展练习项目，融入变频器的使用等相关知识。通过完成十三个由简到难的工作任务，学生既可以循序渐进地掌握编程指令等理论知识、提高实际操作能力，又可以利用仿真软件在课外自由练习，增强自主学习的能力及团队协作精神，达到学中做、做中学的有效统一。

本书可作为高职高专院校电子技术、电子与信息、楼宇智能化技术、电气自动化、数控技术、机电类专业的教材，适用于项目化教学形式，也可作为工程技术人员学习 PLC 技术的参考书。

图书在版编目（CIP）数据

PLC应用技术 / 潘益玲，陈余主编. -- 北京 : 中国水利水电出版社，2015.9（2021.1 重印）
全国高职高专院校"十二五"规划教材
ISBN 978-7-5170-3565-7

Ⅰ. ①P… Ⅱ. ①潘… ②陈… Ⅲ. ①plc技术－高等职业教育－教材 Ⅳ. ①TM571.6

中国版本图书馆CIP数据核字(2015)第206172号

策划编辑：陈宏华 责任编辑：张玉玲 加工编辑：封 裕 封面设计：李 佳

书　　名	全国高职高专院校"十二五"规划教材 PLC 应用技术
作　　者	主 编 潘益玲 陈 余 副主编 王 璇 杨 征 张秋容 张智慧
出版发行	中国水利水电出版社 （北京市海淀区玉渊潭南路 1 号 D 座　100038） 网址：www.waterpub.com.cn E-mail：mchannel@263.net（万水） 　　　　sales@waterpub.com.cn 电话：（010）68367658（发行部）、82562819（万水）
经　　售	北京科水图书销售中心（零售） 电话：（010）88383994、63202643、68545874 全国各地新华书店和相关出版物销售网点
排　　版	北京万水电子信息有限公司
印　　刷	三河市铭浩彩色印装有限公司
规　　格	184mm×260mm　16 开本　15 印张　363 千字
版　　次	2015 年 9 月第 1 版　2021 年 1 月第 2 次印刷
印　　数	3001—5000 册
定　　价	30.00 元

前　　言

PLC 是一种数字运算操作电子系统的可编程控制器，用于控制机械的生产过程，是工业控制的核心，它融继电器控制技术、计算机技术、通信技术于一体，具有结构简单、编程方便、可靠性高的特点，已广泛应用于工业过程和位置的自动控制中，成为现代工业生产的三大支柱之一。未来，由于新兴行业的运用及新能源的产生、储存和基础设施建设的需要，PLC 仍将获得很大的发展机遇。

本书立足高职高专教育人才培养目标，在编写过程中，突出高职高专培养生产一线技术型人才的教学主线，重点培养学生的实践能力。本书以社会发展需要为出发点，精心组织教学内容，力求简明扼要、重点突出、具有针对性和实用性。本书主要特点如下：

（1）在教材结构的组织中，以学习情境构建教学体系，以具体项目任务为教学主线，巧妙地将知识点和技能训练融入到各个项目中。

（2）以继电器控制系统电路引入，采用类比的方法接触 PLC 控制，编写 PLC 程序，简单易于上手。

本书由潘益玲、陈余任主编，王璇、杨征、张秋容、张智慧任副主编。其中学习情境一由河源职业技术学院的潘益玲编写，学习情境二的项目六、七、八由辽东学院苏映新编写；学习情境二的项目九、学习情境三及 FX-TRN-BEG-C 软件部分由河源职业技术学院的陈余编写，学习情境四的项目十二由河源职业技术学院的王璇和张秋容编写，学习情境四的项目十三由保定职业技术学院的杨征编写。

由于编者水平有限，书中不妥之处在所难免，敬请广大读者批评指正。

编　者
2015 年 9 月

目　　录

学习情境二　机械手控制系统的编程与实现

学习情境三　显示装置控制系统的编程与实现

情境四　变频调速系统的 PLC 控制

学习情境一　传送带控制系统的编程与实现

可编程控制器（简称 PLC）制造厂家较多，目前市场上品种、规格繁多，各厂家均独具特色，但一般来说，PLC 控制系统都包括两部分：硬件系统和软件系统。PLC 硬件系统的基本组成主要是微处理器（CPU）、存储器、I/O（输入/输出）单元、电源单元和编程器五大部分。软件系统主要是编制的各种程序。PLC 均采用"循环扫描，周而复始"的工作方式，其工作过程实质上就是 CPU 执行程序的过程，下面从认识 PLC 开始进入 PLC 控制系统的学习。

项目一　三相异步电动机起保停控制系统的编程与调试

1.1　项目训练目标

1. 能力目标
（1）能正确认识 PLC。
（2）能利用接线图正确接线。
（3）能使用 GX Developer 编程软件编写基本指令程序。
（4）能传输程序至 PLC。
2. 知识目标
（1）掌握可编程控制器（PLC）的基本组成。
（2）掌握 PLC 各组成部分的功能。
（3）掌握软件的使用及程序的输入方法。
（4）熟悉传统的继电接触器控制系统。

1.2　项目训练任务

三相异步电动机直接起动的继电器接触器控制原理图如图 1-1 所示，现要改用 PLC 来控制三相异步电动机的起动和停止，如图 1-2 所示。具体设计要求为：按下起动按钮 SB1，电动机起动并连续运行；按下停止按钮 SB2 或热继电器 FR 动作时，电动机停止运行。

如何用 PLC 实现本任务？PLC 是什么？其结构如何？下面的相关知识可以帮助我们解决这些问题。

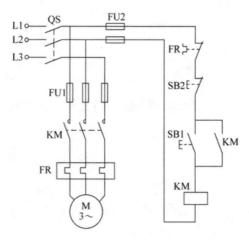

图 1-1　三相异步电动机直接起动继电器接触器控制原理图

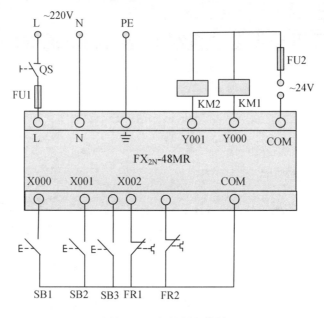

图 1-2　PLC 控制电路图

1.3　相关知识点

1.3.1　PLC 概述

1. PLC 的定义

PLC 是可编程控制器（Programmable Controller）的简称。实际上可编程控制器的英文缩写为 PC，为了与个人计算机（Personal Computer）的英文缩写相区别，人们就将最初用于逻辑控制的可编程控制器（Programmable Logic Controlleller）叫做 PLC。

PLC 的历史只有 30 多年，但其发展极为迅速。为了确定它的性质，国际电工委员会

（International Electrotechnical Commission）于 1982 年颁布了 PLC 标准草案第一稿，1987 年 2 月颁布了第三稿，对 PLC 作了如下定义：PLC 是一种数字运算操作的电子系统，专为在工业环境下应用而设计。它采用可编程存储器，用来存储执行逻辑运算、顺序控制、定时、计数和算术运算等操作指令，并通过数字式或模拟式的输入/输出控制各种类型的机械或生产过程。PLC 及其相关设备都应按易于与工业控制系统形成一个整体、易于扩展其功能的原则设计。

2．PLC 控制系统与继电器接触器控制系统的比较

（1）组成器件不同。

继电器接触器控制系统由输入设备、控制线路和输出设备三大部分组成，如图 1-3 所示。显然这是一种由许多"硬"的元器件连接起来组成的控制系统，PLC 及其控制系统是从继电接触控制系统和计算机控制系统发展而来的，PLC 的输入/输出部分与继电接触控制系统大致相同，PLC 控制部分用微处理器和存储器取代了继电器控制线路，其控制作用是通过用户软件来实现的。PLC 的基本结构如图 1-4 所示，基本组成部分包括微处理器（CPU）、存储器、I/O 单元、电源单元和编程器等。传统的继电器接触器控制系统由于用了大量的机械触点，因物理性能疲劳、尘埃的隔离性及电弧的影响，使系统可靠性大大降低。而 PLC 控制系统采用无机械触点的微电子技术，复杂的控制由 PLC 控制系统内部的运算器完成，故寿命长、可靠性高。

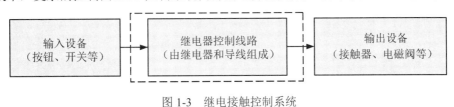

图 1-3　继电接触控制系统

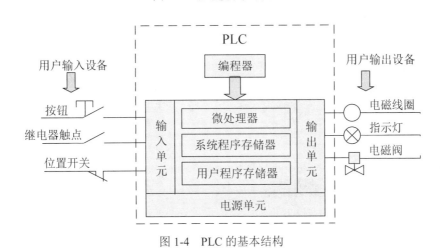

图 1-4　PLC 的基本结构

（2）触点数量不同。

继电器接触器的触点数较少，一般只有 4～8 对；而"软继电器"可供编程的触点数有无限对。

（3）控制方法不同。

继电器接触器控制系统是通过元件之间的硬接线来实现的，其控制功能是固定的。PLC 控制功能是通过软件编程来实现的，只要改变程序，功能即可改变。

（4）工作方式不同。

在继电器接触器控制电路中，当电源接通时，电路中各继电器都处于受制约状态。在 PLC 控制系统中，各"软继电器"都处于周期性循环扫描接通中，每个"软继电器"受制约接通的时间是短暂的。

3．PLC 产品

随着 PLC 市场的不断扩大，PLC 生产已经发展成为一个庞大的产业，其主要厂商集中在一些欧美国家及日本。美国与欧洲一些国家的 PLC 是在相互隔离的情况下独立研究开发的，产品有比较大的差异；日本的 PLC 则是从美国引进的，对美国的 PLC 产品有一定的继承性。另外，日本的主推产品定位在小型 PLC 上，而欧美则以大中型 PLC 为主。图 1-5 至图 1-14 所示为一些主流 PLC 产品的外形图。

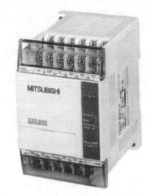

图 1-5　三菱 FX$_{1S}$/FX$_{1N}$ 系列 PLC

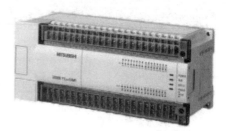

图 1-6　三菱 FX$_{2N}$ 系列 PLC

图 1-7　西门子 S7-200 系列 PLC

图 1-8　西门子新一代 S7-400 系列 PLC

图 1-9　欧姆龙 C200H 系列 PLC

图 1-10　欧姆龙 CP1H 系列 PLC

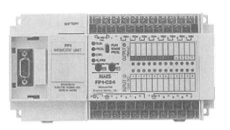

图 1-11　松下FP1 系列PLC

图 1-12　松下FPΣ系列PLC

图 1-13　富士 PLC

图 1-14　施耐德 PLC

我国有许多厂家及科研院所从事 PLC 的研制及开发工作，台湾地区产品有：永宏、台达、盟立、FAMA（现属于盟立）、安控、士林、丰炜、智国、台安；大陆有德维深、和利时、浙大中控、浙大中自、艾默生、兰州全志、科威、科赛恩、南京冠德、智达、海杰、中山智达、江苏信捷、洛阳易达、凯迪恩（KDN）等，如图 1-15 至图 1-18 所示。

4. PLC 应用领域

PLC 的应用非常广泛，如电梯控制、防盗系统控制、交通分流信号灯控制、楼宇供水自动控制、消防系统自动控制、供电系统自动控制、喷水池自动控制及各种生产流水线的自动控制等。PLC 在工业上的部分应用如图 1-19 至图 1-24 所示。

图 1-15　无锡信捷 PLC

图 1-16　深圳艾默生 PLC

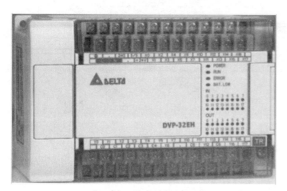

图 1-17　台湾台达 PLC

图 1-18　厦门海为 PLC

图 1-19　PLC 在双表显示中的应用

图 1-20 PLC 在电池清洗设备中的应用

图 1-21 PLC 在水汽集中取样自控系统中的应用

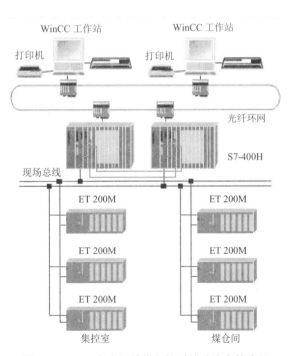

图 1-22 PLC 在电厂输煤程控系统改造中的应用

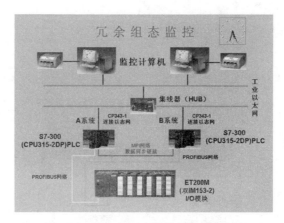

图 1-23　PLC 在冗余监控系统中的应用

图 1-24　PLC 在可编程数控底孔加工机中的应用

其应用情况大致可归纳为如下几类：

（1）开关量逻辑控制。

这是 PLC 最基本、最广泛的应用领域，取代传统的继电器接触器电路，实现逻辑控制、顺序控制。PLC 既可用于单台设备的控制，又可用于多机群控及自动化流水线，如注塑机、印刷机、订书机械、组合机床、磨床、包装生产线、电镀流水线等。

（2）模拟量控制。

PLC 利用比例积分微分（Proportional Integral Derivative，PID）算法可实现闭环控制功能，例如温度、速度、压力及流量等过程量的控制。

（3）运动控制。

PLC 可以用于圆周运动或直线运动的定位控制。近年来许多 PLC 制造商在自己的产品中增加了脉冲输出功能，配合原有的高速计数器功能，使 PLC 的定位控制能力大大增强。此外，许多 PLC 品牌具有位置控制模块，如可驱动步进电动机或伺服电动机的单轴或多轴位置控制模块，使 PLC 广泛应用于各种机械、机床、机器人、电梯等设备中。

（4）数据处理。

现代 PLC 具有数学运算、数据传送、数据转换、排序、查表、位操作等功能，可以完成数据的采集、分析及处理。这些数据除了可以与储存器中的参考值比较，完成一定的控制操作外,还可以利用通信功能传送到别的智能装置,或将它们打印制表。数据处理一般用于大型控制系统,如无人控制的柔性制造系统或造纸、冶金、食品工业等过程控制系统。

(5)通信及联网。

PLC通信含PLC间的通信及PLC与其他智能设备之间的通信。随着计算机控制技术的发展,工厂自动化网络发展得很快,各PLC制造商都十分重视PLC的通信功能,纷纷推出各自的网络系统。新近生产的PLC无论是网络接入能力还是通信技术指标都得到了很大改善,这使PLC在远程及大型控制系统中的应用能力大大增强。

1.3.2 PLC的组成与工作原理

1. PLC的基本结构

可编程控制器主要由CPU模块、I/O模块、存储器、编程器和电源等组成,如图1-25所示。

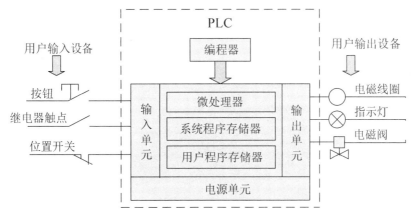

图1-25 PLC的组成框图

(1)CPU模块。

CPU模块又叫中央处理单元或控制器,主要由微处理器(CPU)和存储器组成,用以运行用户程序、监控输入/输出接口状态、作出逻辑判断和进行数据处理,即读取输入变量,完成用户指令规定的各种操作,将结果送到输出端,并响应外部设备(如编程器、计算机、打印机等)的请求以及进行各种内部判断等。PLC的内部存储器有两类:一类是用户不能更改的系统程序存储器,主要存放系统管理和监控程序及对用户程序作编译处理的程序;另一类是用户可以更改的程序及工作数据存储器,主要存放用户编制的应用程序及各种暂存数据和中间结果。

(2)存储器

可编程控制器的存储器可以分为系统程序存储器、用户程序存储器和工作数据存储器三种。

1)系统程序存储器。

系统程序存储器用来存放由可编程控制器生产厂家编写的系统程序,并固化在ROM内,用户不能直接更改。系统程序质量的好坏很大程度上决定了PLC的性能,其内容主要包括三部分:第一部分为系统管理程序,它主要控制可编程控制器的运行,使整个可编程控制器按部就班地工作；第二部分为用户指令解释程序，通过用户指令解释程序将可编程控制器的编程语言变为机器语言指令，再由 CPU 执行这些指令；第三部分为标准程序模块与系统调用程序，它包括许多不同功能的子程序及其调用管理程序，如完成输入、输出及特殊运算等的子程序，可编程控制器的具体工作都是由这部分程序来完成的，这部分程序的多少决定了可编程控制器性能的强弱。

2）用户程序存储器。

根据控制要求而编制的应用程序称为用户程序。用户程序存储器用来存放用户针对具体控制任务，用规定的可编程控制器编程语言编写的各种用户程序。目前较先进的可编程控制器采用可随时读写的快闪存储器作为用户程序存储器。快闪存储器不需要后备电池，掉电时数据也不会丢失。

3）工作数据存储器。

工作数据存储器用来存储工作数据，即用户程序中使用的 ON/OFF 状态、数值数据等。

在工作数据区中开辟有元件映像寄存器和数据表。其中元件映像寄存器用来存储开关量、输出状态，以及定时器、计数器、辅助继电器等内部器件的 ON/OFF 状态。数据表用来存放各种数据，它存储用户程序执行时的某些可变参数值及 A/D 转换得到的数字量和数学运算的结果等。

（3）I/O 模块。

输入/输出（简称 I/O）接口模块是系统的眼、耳、手、脚，就是将 PLC 与现场各种输入/输出（I/O）设备连接起来的部件。图 1-26 所示为三菱 FX_{2N} 系列 PLC 外部 I/O 端口示意图。输入模块用来接收和采集输入信号。输出能将微处理器送出的弱电信号放大成强电信号，以驱动各种负载。因此，PLC 采用了专门设计的输入/输出端口电路。在 PLC 系统中，外部设备信号均是通过输入/输出端口与 PLC 进行数据传送的。所以，无论是硬件电路设计还是软件电路设计，都要清楚地了解 PLC 的端口结构及使用注意事项，这样才能保证系统的正确运行。

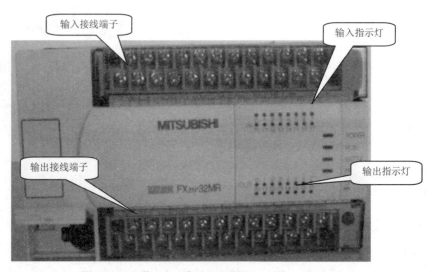

图 1-26　三菱 FX_{2N} 系列 PLC 外部 I/O 端口

1）输入接口电路。

输入接口电路是 PLC 与控制现场的接口界面的输入通道。输入信号可以用来接收和采集两种类型的输入信号：一种是由按钮开关、选择开关、行程开关等提供的开关量输入信号；另一种是由传感器、电位器、热电偶等提供的连续变化的模拟信号，如图 1-27 所示。

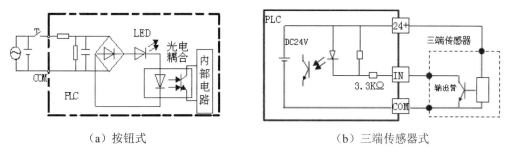

（a）按钮式　　　　　　　　　　　（b）三端传感器式

图 1-27　输入接口结构原理图

输入接口常见有 3 种接口形式，如图 1-28 所示。

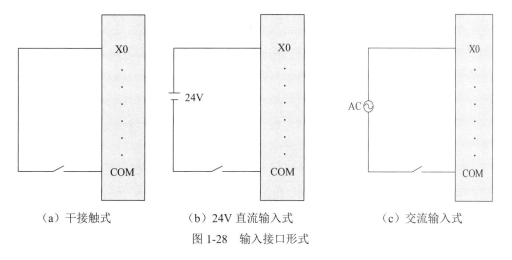

（a）干接触式　　　　（b）24V 直流输入式　　　　（c）交流输入式

图 1-28　输入接口形式

注意：采用光电耦合电路与现场输入信号相连接的目的是防止现场的强电干扰进入可编程控制器。

2）输出接口电路。

输出接口用来连接被控对象中的各种执行元件，如接触器、电磁阀、指示灯、调节阀（模拟量）、调速装置（模拟量）等。

输出接口有多种输出方式，如图 1-29 所示。

- 继电器输出：接触电阻小，抗冲击能力强，但响应速度慢，一般为毫秒级，可驱动交/直流负载，常用于低速大功率负载。
- 晶体管输出：响应速度快，一般为纳秒级，无机械触点，可频繁操作，寿命长，可以驱动直流负载。
- 晶闸管输出：响应速度比较快，一般为微秒级，无机械触点，可频繁操作，寿命长，可以驱动交/直流负载。

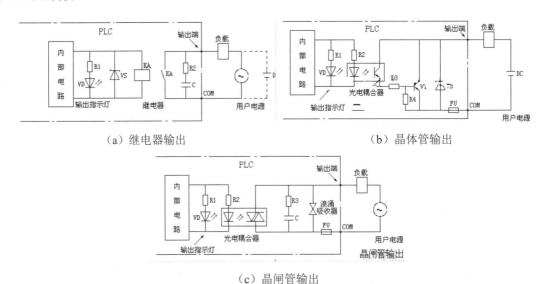

（a）继电器输出   （b）晶体管输出

（c）晶闸管输出

图 1-29   输出接口的输出方式

注意: 由于可编程控制器在工业生产现场工作,对输入/输出接口有两个主要的要求,一 是接口有良好的抗干扰能力,二是接口能满足工业现场各类信号的匹配要求。

（4）电源。

可编程控制器一般使用 220V 交流电源。可编程控制器内部的直流稳压电源为各模块内的元件提供直流电压。

（5）编程器。

编程器是 PLC 的外部编程设备,用户可通过编程器输入、检查、修改、调试程序或监视 PLC 的工作情况,也可以通过专用的编程电缆线将 PLC 与计算机连接起来,并利用编程软件进行电脑编程和监控。

（6）输入/输出扩展单元。

I/O 扩展接口用于将扩充外部输入/输出端子数的扩展单元与基本单元（即主机）连接在一起。

（7）外部设备接口。

此接口可将编程器、打印机、条码扫描仪、变频器等外部设备与主机相连,以完成相应的操作。

2. PLC 的工作原理

可编程控制器有两种基本的工作状态,即运行（RUN）状态与停止（STOP）状态。

PLC 运行时,CPU 不能同时去执行多个操作,只能按分时操作原理运行,即每一时刻执行一个操作,完成一个动作,随着时间的自然延伸,一个动作接着一个动作地按顺序执行下去。这种分时操作的过程称为 CPU 的扫描工作方式。在 PLC 中,用户程序按先后顺序存放在存储器中。

CPU 从第一条指令开始执行程序,直到遇到结束符号后又返回第一条,如此周而复始不断循环。整个扫描过程 PLC 除了执行用户程序外,还要完成其他工作。图 1-30 所示为 PLC 工作过程框图。

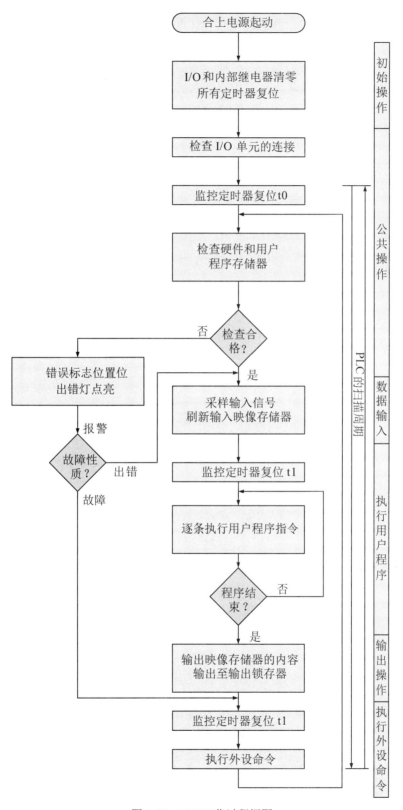

图 1-30 PLC 工作过程框图

由工作过程框图可以看出，PLC 的工作过程可以分为以下几个阶段：

（1）初始化。

可编程控制器每次在电源接通时将进行初始化工作，主要包括 I/O 寄存器和内部继电器清零、定时器复位等，初始化完成后则进入周期扫描工作方式。

（2）公共操作。

公共操作主要包括以下 3 个方面：

1）输入/输出部分检查。

2）监视器清零。主机的监视器实质上是一个定时器，PLC 在每次扫描结束后使其复位。当 PLC 在 RUN 或 MONITOR 方式下工作时，此定时器检查 CPU 的执行时间，当执行时间超过监视器设定时间时，表示 CPU 有故障。若发现故障，除通过指示灯显示出故障外，还自动判断故障性质。一般性故障，只报警不停机，等待处理；对于严重故障，则停止用户程序的运行，关闭 PLC 的一切输出信号且切断相关的输出联系。

3）检查硬件和用户程序存储器。

（3）执行程序的过程。

PLC 执行程序的过程分三个阶段，即输入采样（输入处理）阶段、程序执行阶段、输出刷新（输出处理）阶段，如图 1-31 所示。

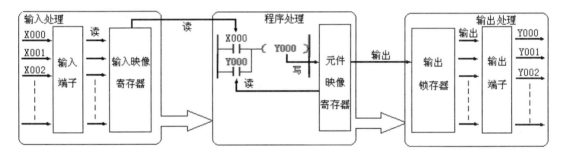

图 1-31　PLC 执行程序的过程

1）输入处理阶段。在这一阶段，PLC 以扫描工作方式按顺序将所有输入端的输入状态采样并存入输入映像寄存器中。在本工作周期内，这个采样结果的内容不会改变，而且这个采样结果将在 PLC 执行程序时被使用。

注意： 输入状态表（输入映像寄存器）——采样时刷新。

2）程序执行阶段。在这一阶段，PLC 按顺序进行扫描，即从上到下、从左到右地扫描每条指令，并分别从输入映像寄存器和输出映像寄存器中获得所需的数据进行运算、处理，再将程序执行的结果写入寄存执行结果的输出映像寄存器中保存，但这个结果在全部程序未执行完毕之前不会送到输出端口上。

注意： 输出状态表（输出映像寄存器）——随时刷新（中间值和最终结果）。

3）输出处理阶段。在所有用户程序执行完后，PLC 将输出映像寄存器中的内容送入输出锁存器中，通过一定方式输出，驱动外部负载。

注意： 执行用户程序的结果送到输出寄存器，并不立即向 PLC 的外部输出。输出端子的接通或开断由输出锁存器决定。

1.3.3 PLC 的编程语言与编程方法

1. 可编程控制器的编程语言概述

现代的可编程控制器一般备有多种编程语言，供用户使用。IEC1131-3—可编程控制器编程语言的国际标准详细地说明了如图 1-32 所示的可编程控制器编程语言。

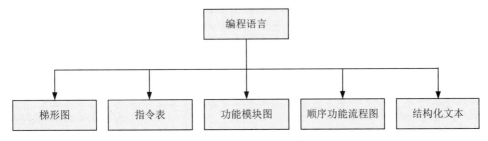

图 1-32 PLC 编程语言

（1）梯形图语言。

梯形图是使用得最多的可编程控制器图形编程语言。梯形图与继电器控制系统的电路图很相似，具有直观易懂的优点，很容易被工厂熟悉继电器控制的电气人员掌握，特别适用于开关量逻辑控制，主要特点如下：

1）可编程控制器梯形图中的某些编程元件沿用了继电器这一名称，如输入继电器、输出继电器、内部辅助继电器等，但是它们不是真实的物理继电器（即硬件继电器），而是在软件中使用的编程元件。每一编程元件与可编程控制器存储器中元件映像寄存器的一个存储单元相对应。图 1-33 所示是采用接触器控制的电动机起停控制线路，图 1-34 所示是采用 PLC 控制时的梯形图，从中可以看出两者之间的对应关系。

图 1-33 电动机起停控制线路   图 1-34 梯形图语言

注意：图 1-33 所示的电动机起停控制线路中，各个元件和触点都是真实存在的，每一个线圈一般只能带几对触点。而图 1-34 中，所有的触点线圈等都是软元件，没有实物与之对应，PLC 运行时只是执行相应的程序。因此，理论上梯形图中的线圈可以带无数多个常开触点和常闭触点。

2）梯形图两侧的垂直公共线称为公共母线（Bus Bar）。在分析梯形图的逻辑关系时，为了借用继电器电路的分析方法，可以想象左右两侧母线之间有一个左正右负的直流电源电压，当图中的触点接通时，有一个假想的概念电流或能流（Power Flow）从左到右流动，这一方向与执行用户程序时逻辑运算的顺序是一致的。

3）根据梯形图中各触点的状态和逻辑关系求出与图中各线圈对应的编程元件的状态，称为梯形图的逻辑解算。逻辑解算是按梯形图中从上到下、从左到右的顺序进行的。图 1-34 的逻辑解算结果 Y000=(X0000+Y000)·～X001。

4）梯形图中的线圈和其他输出指令应放在最右边。

（2）指令表语言。

指令表语言就是助记符语言，它常用一些助记符来表示 PLC 的某种操作，有的厂家将指令称为语句，两条或两条以上的指令的集合叫做指令表，也称语句表。不同型号 PLC 助记符的形式不同，图 1-35 所示为图 1-34 所示梯形图对应的指令表语言。

步序	助记符	器件编号
0	LD	X000
1	OR	Y000
2	ANI	X001
3	OUT	Y000

图 1-35　指令表

通常情况下，用户利用梯形图进行编程，然后再将所编程序通过编程软件或人工的方法转换成语句表输入到 PLC。

注意：不同厂家生产的 PLC 所使用的助记符各不相同，因此同一梯形图写成的指令表就不相同，在将梯形图转换为助记符时，必须先弄清 PLC 的型号及内部各器件编号、使用范围和每一条助记符的使用方法。

（3）功能模块图语言。

功能模块图编程语言实际上是用逻辑功能符号组成的功能块来表达命令的图形语言，与数字电路中的逻辑图一样，它极易表现条件与结果之间的逻辑功能。图 1-36 所示为某一控制系统的功能模块图语言。

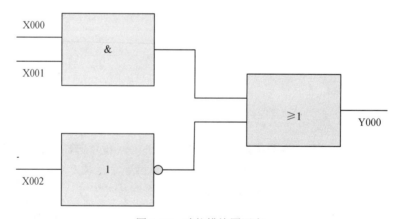

图 1-36　功能模块图语言

由图可见，这种编程方法是根据信息流将各种功能块加以组合，是一种逐步发展起来的新式的编程语言，正在受到各种可编程控制器厂家的重视。

（4）顺序功能流程图语言。

顺序功能图常用来编制顺序控制类程序，它包含步、动作、转换三个要素。顺序功能编程法可将一个复杂的控制过程分解为一些小的顺序控制要求而连接组合成整体的控制程序。顺序功能图法体现了一种编程思想，在程序的编制中具有很重要的意义。图 1-37 所示为某一控制系统的顺序功能流程图语言。

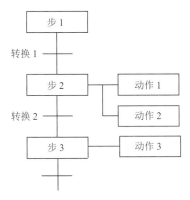

图 1-37　顺序功能流程图语言

顺序功能流程图语言的特点：以功能为主线，按照功能流程的顺序分配，条理清楚，便于对用户程序的理解；避免梯形图或其他语言不能顺序动作的缺陷，同时也避免了用梯形图语言对顺序动作编程时，由于机械互锁造成用户程序结构复杂、难以理解的缺陷；用户程序扫描时间大大缩短。

（5）结构化文本语言。

随着可编程控制器的飞速发展，如果许多高级功能还是用梯形图来表示，会很不方便。为了增强可编程控制器的数字运算、数据处理、图表显示、报表打印等功能，方便用户的使用，许多大中型可编程控制器都配备了 Pascal、BASIC、C 等高级编程语言。这种编程方式叫做结构化文本。

结构化文本编程语言的特点：采用高级语言进行编程，可以完成较复杂的控制运算；需要有一定的计算机高级语言的知识和编程技巧，对工程设计人员要求较高；直观性和操作性较差。

2. 可编程控制器的编程步骤

（1）确定被控系统必须完成的动作及完成这些动作的顺序。

（2）分配输入/输出设备，即确定哪些外围设备是送信号到 PLC，哪些外围设备是接收来自 PLC 信号的。并将 PLC 的输入、输出口与之对应进行分配。

（3）设计 PLC 程序，画出梯形图。梯形图体现了实现所要求的全部功能及表达其相互关系的正确顺序。

（4）在计算机上编写 PLC 的梯形图程序。

（5）对程序进行调试（模拟和现场）。

（6）保存已完成的程序。

显然，在建立一个 PLC 控制系统时，必须首先把系统需要的输入、输出数量确定下来，然后按需要确定各种控制动作的顺序和各个控制装置彼此之间的相互关系。确定控制上的相互关系之后，即可进行编程的第二步——分配输入/输出设备，在分配了 PLC 的输入/输出点、内部辅助继电器、定时器、计数器之后，就可以设计 PLC 程序，画出梯形图。在画梯形图时要注意每个从左边母线开始的逻辑行必须终止于一个输出元素。梯形图画好后，使用编程软件直接把梯形图输入计算机→下载到 PLC 进行调试→修改→下载，直至符合控制要求。这便是程序设计的整个过程。

1.3.4 FX$_{2N}$ 系列 PLC 的型号、安装与接线

1. FX 系列 PLC 的型号

FX 系列 PLC 的各组成部分的含义说明如图 1-38 所示。

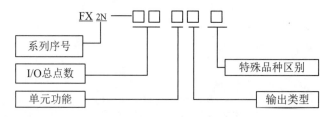

图 1-38 FX 系列 PLC 型号

系列序号：0、0S、ON、1、2、2C、IS、2N、2NC。

I/O 总点数：l4～256。

单元类型：M——基本单元；

E——输入/输出混合扩展单元及扩展模块；

EX——输入专用扩展模块；

EY——输出专用扩展模块。

输出形式：R——继电器输出；

T——晶体管输出；晶闸管输出。

特殊品种区别：D—DC 电源，DC 输入；

A1——AC 电源，AC 输入；

H——大电流输出扩展模块（1A/1 点）；

V——立式端子排的扩展模块；

C——接插口输入/输出方式；

F——输入滤波器 1ms 的扩展模块；

L——TTL 输入型扩展模块；

S——独立端子（无公共端）扩展模块。

若特殊品种一项无符号，说明通指 AC 电源、DC 输入、横式端子排。

例如 FX$_{2N}$-32MRD 的含义：FX$_{2N}$ 系列，输入/输出总点数为 32 点，继电器输出，DC 电源，DC 输入的基本单元。

FX$_{2N}$ 系列 PLC 的基本单元、扩展单元、扩展模块的型号规格如表 1-1 至表 1-3 所示。

2. 三菱 FX$_{2N}$ 系列 PLC 简介

（1）FX$_{2N}$ 系列 PLC 硬件认识与使用。FX$_{2N}$ 系列 PLC 有单元式、模块式和叠装式三种结构形式，常用结构形式为前两种。FX$_{2N}$ 系列为小型 PLC，采用单元式结构形式，其外形如图 1-39 所示。

表 1-1　基本单元一览表

输入/输出总点数	输入点数	输出点数	FX$_{2N}$ 系列		
			AC 电源 DC 输入		
			继电器输出	三端双向晶闸管开关元件	晶体管输出
16	8	8	FX$_{2N}$-16MR-001	—	FX$_{2N}$-16MT-001
32	16	16	FX$_{2N}$-32MR-001	FX$_{2N}$-32MS-001	FX$_{2N}$-32MT-001
48	24	24	FX$_{2N}$-48MR-001	FX$_{2N}$-48MS-001	FX$_{2N}$-48MT-001
64	32	32	FX$_{2N}$-64MR-001	FX$_{2N}$-64MS-001	FX$_{2N}$-64MT-001
80	40	40	FX$_{2N}$-80MR-001	FX$_{2N}$-80MS-001	FX$_{2N}$-80MT-001
128	64	64	FX$_{2N}$-128MR-001	—	FX$_{2N}$-128MT-01

输入/输出总点数	输入点数	输出点数	DC 电源 AC 输入	
			继电器输出	晶体管输出
32	16	16	FX$_{2N}$-32MR- D	FX$_{2N}$-32MT- D
48	24	24	FX$_{2N}$-48MR-D	FX$_{2N}$-48MT-D
64	32	32	FX$_{2N}$-64MR-D	FX$_{2N}$-64MT-D
80	40	40	FX$_{2N}$-80MR-D	FX$_{2N}$-80MT-D

表 1-2　扩展单元一览表

输入/输出总点数	输入点数	输出点数	AC 电源 DC 输入		
			继电器输出	三端双向晶闸管开关元件	晶体管输出
32	16	16	FX$_{2N}$-32ER	-	FX$_{2N}$-32ER
48	24	24	FX$_{2N}$-48ER	-	FX$_{2N}$-48ER

表 1-3　扩展模块一览表

输入/输出总点数	输入点数	输出点数	继电器输出	晶体管输出	三端双向晶闸管开关器件
8（16）	4（8）	4（8）	FX$_{2N}$-8EX	—	FX$_{2N}$-16MT-001
32	16	16	FX$_{2N}$-32MR-001	FX$_{2N}$-32MS-001	FX$_{2N}$-32MT-001
48	24	24	FX$_{2N}$-48MR-001	FX$_{2N}$-48MS-001	FX$_{2N}$-48MT-001
64	32	32	FX$_{2N}$-64MR-001	FX$_{2N}$-64MS-001	FX$_{2N}$-64MT-001
80	40	40	FX$_{2N}$-80MR-001	FX$_{2N}$-80MS-001	FX$_{2N}$-80MT-001
128	64	64	FX$_{2N}$-128MR-001	—	FX$_{2N}$-128MT-01

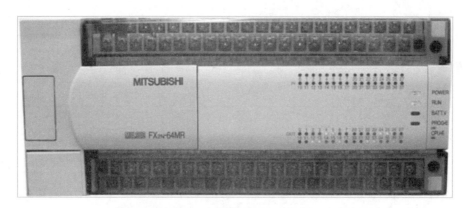

图 1-39　FX$_{2N}$ 系列 PLC 外形图

FX$_{2N}$-64MR PLC 面板由三部分组成，即外部端子（输入/输出接线端子）部分、指示部分和接口部分，各部分的组成及功能如下：

1）外部接线端子。外部接线端子包括 PLC 电源（L、N）、接地、输入用直流电源（24+、COM）、输入端子（X）、输出端子（Y）等。

2）指示部分。指示部分包括各输入/输出点的状态指示、电源指示（POWER）、PLC 运行状态指示（RUN）、用户程序存储器后备电池指示（BATT.V）和程序错误或 CPU 错误指示（PROG-E、CPU-E）等，用于反映 I/O 点和 PLC 的状态。

3）接口部分。FX$_{2N}$ 系列 PLC 有多个接口，打开接口盖或面板可以观察到，主要包括编程器接口、存储器接口、扩展接口等。在面板上设置了一个 PLC 运行模式转换开关 SW1，它有 RUN 和 STOP 两个位置，RUN 使 PLC 处于运行状态（RUN 指示灯亮），STOP 使 PLC 处于停止运行状态（RUN 指示灯灭）。当 PLC 处于 STOP 状态时，可进行用户程序的录入、编辑和修改。接口的作用是完成基本单元与编程器、外部存储器和扩展单元的连接，这在 PLC 技术应用中会经常用到。

（2）I/O 点的类别、编号及使用。I/O 端子是 PLC 的重要外部部件，是 PLC 与外部设备连接的通道，其数量、类别也是 PLC 的主要技术指标之一。一般 FX$_{2N}$ 系列 PLC 的输入端子（X）和输出端子（Y）分别位于 PLC 的两侧。

FX$_{2N}$ 系列 PLC 的 I/O 点数量、类别随型号不同而不同，但 I/O 点数量比例及编号规则完全相同。一般输入点与输出点的数量之比为 1∶1，即输入点数等于输出点数。FX$_{2N}$ 系列 PLC 的 I/O 点编号采用八进制，即 00～07、10～17、20～27 等。输入点前面加 "X"，输出点前面加 "Y"，如 X10、Y20 等。扩展单元和 I/O 扩展模块其 I/O 点编号应紧接基本单元的 I/O 编号之后，依次分配编号。

3. FX$_{2N}$ 系列 PLC 的安装及接线

PLC 应安装在环境温度为 0～55℃，相对湿度小于 89%大于 35%RH、无粉尘和油烟、无腐蚀性及可燃性气体的场合中。

PLC 的安装固定常有两种方式：一是直接利用机箱上的安装孔，用螺钉将机箱固定在控制柜的背板或面板上；二是利用 DIN 导轨安装，这需要先将 DIN 导轨固定好，再将 PLC 及各种扩展单元卡上 DIN 导轨。安装时还要注意在 PLC 周围留足散热及接线的空间。图 1-40（a）所示为 FX$_{2N}$ 机及扩展设备在 DIN 导轨上安装的情况。

PLC 的接线以 FX$_{2N}$-32MR 型 PLC 为例，在 PLC 的输入端接入一个按钮、一个限位开关和一个接近开关，输出为一个 220V 的交流接触器和一个电磁阀，如图 1-40（b）所示。

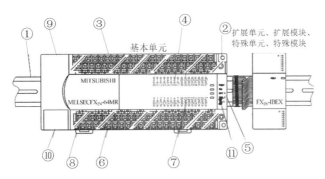

①35mm 宽，DIN 导轨；②安装孔（32 点以下 2 个，以上 4 个）；③电源，辅助电源，输入信号用装卸式端子台；④输入口指示灯；⑤扩展单元、扩展模块、特殊单元、特殊模块接线插座盖板；⑥输出用装卸式端子台；⑦输出口指示灯；⑧DIN 导轨装卸中卡子；⑨面板盖；⑩外围设备接线插座盖板；⑪电源、运行出错指示灯

（a）FX$_{2N}$ 机及扩展设备在 DIN 导轨上的安装情况

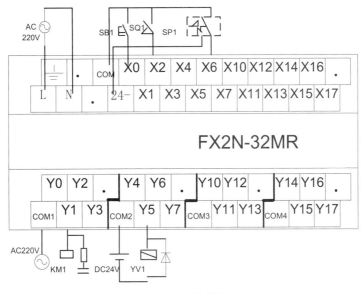

（b）PLC 的接线

图 1-40　FX$_{2N}$ 系列 PLC 的安装及接线

1.3.5　输入、输出继电器

软元件的功能与代号

（1）输入继电器（X）。

输入继电器与输入端相连，它是专门用来接收 PLC 外部开关信号的元件。PLC 通过输入接口将外部输入信号状态（接通时为"1"，断开时为"0"）读入并存储在输入映像寄存器中。图 1-41 所示为输入继电器 X1 的等效电路。

输入继电器必须由外部信号驱动，不能用程序驱动，所以在程序中不可能出现其线圈。

由于输入继电器（X）为输入映像寄存器中的状态，所以其触点的使用次数不限。

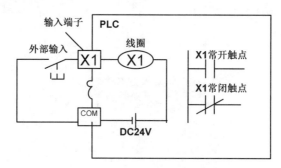

图 1-41   输入继电器 X1 的等效电路

FX 系列 PLC 的输入继电器以八进制进行编号，FX$_{2N}$ 输入继电器的编号范围为 X000～X267（184 点）。

注意： 基本单元输入继电器的编号是固定的，扩展单元和扩展模块是按与基本单元最靠近开始，顺序进行编号。例如，基本单元 FX$_{2N}$-64M 的输入继电器编号为 X000～X037（32 点），如果接有扩展单元或扩展模块，则扩展的输入继电器从 X040 开始编号。

（2）输出继电器（Y）。

输出继电器用来将 PLC 内部信号输出传送给外部负载（用户输出设备）。输出继电器线圈是由 PLC 内部程序的指令驱动，其线圈状态传送给输出单元，再由输出单元对应的硬触点来驱动外部负载。图 1-42 所示为输出继电器 Y0 的等效电路。

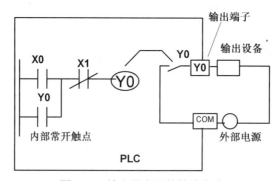

图 1-42   输出继电器的等效电路

每个输出继电器在输出单元中都对应有唯一一个常开硬触点，但在程序中供编程的输出继电器不管是常开还是常闭触点，都可以无数次使用。

FX 系列 PLC 的输出继电器也是八进制编号，其中 FX$_{2N}$ 编号的范围为 Y000～Y267（184 点）。与输入继电器一样，基本单元的输出继电器编号是固定的，扩展单元和扩展模块的编号也是按与基本单元最靠近开始，顺序进行编号。

在实际使用中，输入、输出继电器的数量要看具体系统的配置情况。

1.3.6   逻辑取、输出及结束指令

FX 系列 PLC 有基本逻辑指令 20 或 27 条、步进指令 2 条、功能指令 100 多条（不同系列有所不同）。FX$_{2N}$ 的共有 27 条基本逻辑指令，其中包含了有些子系列 PLC 的 20 条基本逻辑

指令。针对三相异步电动机运行，现只介绍 LD、OR、AND、OUT 基本逻辑指令。

1. 取指令与输出指令（LD/LDI/LDP/LDF/OUT）

（1）LD（取指令）：一个常开触点与左母线连接的指令，每一个以常开触点开始的逻辑行都用此指令。

（2）LDI（取反指令）：一个常闭触点与左母线连接指令，每一个以常闭触点开始的逻辑行都用此指令。

（3）LDP（取上升沿指令）：与左母线连接的常开触点的上升沿检测指令，仅在指定位元件的上升沿（由 OFF 到 ON）时接通一个扫描周期。

（4）LDF（取下降沿指令）：与左母线连接的常闭触点的下降沿检测指令。

（5）OUT（输出指令）：对线圈进行驱动的指令，也称为输出指令。

取指令与输出指令的使用如图 1-43 所示。

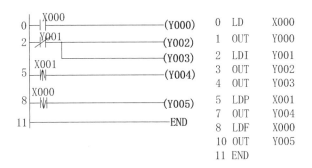

图 1-43　取指令与输出指令的使用

取指令与输出指令的使用说明如下：

- LD、LDI 指令既可用于输入左母线相连的触点，也可与 ANB、ORB 指令配合实现块逻辑运算。
- LDP、LDF 指令仅在对应元件有效时维持一个扫描周期的接通。图 1-43 中，当 X0 有一个下降沿时，则 Y5 只有一个扫描周期为 ON。
- LD、LDI、LDP、LDF 指令的目标元件为 X、Y、M、T、C、S。
- OUT 指令可以连续使用若干次（相当于线圈并联），对于定时器和计数器，在 OUT 指令之后应设置常数 K 或数据寄存器。
- 5）OUT 指令目标元件为 Y、M、T、C 和 S，但不能用于 X。

2. 触点串联指令（AND/ANI/ANDP/ANDF）

（1）AND（与指令）：一个常开触点串联连接指令，完成逻辑"与"运算。

（2）ANI（与反指令）：一个常闭触点串联连接指令，完成逻辑"与非"运算。

（3）ANDP：上升沿检测串联连接指令。

（4）ANDF：下降沿检测串联连接指令。

触点串联指令的使用说明如下：

- AND、ANI、ANDP、ANDF 都指是单个触点串联连接的指令，串联次数没有限制，可以反复使用。
- AND、ANI、ANDP、ANDF 的目标元件为 X、Y、M、T、C 和 S。

- 图 1-44 中 OUT M101 指令之后通过 T1 的触点去驱动 Y4 称为连续输出。

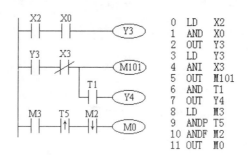

图 1-44　触点串联指令的使用

3. 触点并联指令（OR/ORI/ORP/ORF）

（1）OR（或指令）：用于单个常开触点的并联，实现逻辑"或"运算。

（2）ORI（或非指令）：用于单个常闭触点的并联，实现逻辑"或非"运算。

（3）ORP：上升沿检测并联连接指令。

（4）ORF：下降沿检测并联连接指令。

触点并联指令的使用说明如下：

- 图 1-45 中 OR、ORI、ORP、ORF 指令都是指单个触点的并联，并联触点的左端接到 LD、LDI、LDP 或 LDF 处，右端与前一条指令对应触点的右端相连。触点并联指令连续使用的次数不限。

- OR、ORI、ORP、ORF 指令的目标元件为 X、Y、M、T、C、S。

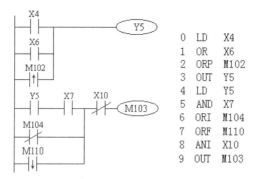

图 1-45　触点并联指令的使用

4. END（结束指令）

若程序的最后不写 END 指令，则 PLC 不管实际用户程序多长，都从用户程序存储器的第一步执行到最后一步；若有 END 指令，当扫描到 END 时，则结束执行程序，这样可以缩短扫描周期。在程序调试时，可在程序中插入若干 END 指令，将程序划分若干段，在确定前面程序段无误后，依次删除 END 指令，直至调试结束。

1.3.7　GX Developer 编程软件的使用

1. GX Developer 软件的安装方法

GX Developer 编程软件为用户开发、编辑和控制自己的应用程序提供了良好的编程环境。

为了能快捷高效地开发应用程序，GX Developer 软件提供了三种程序编辑器。GX Developer 软件还提供了在线帮助系统，以便获取所需要的信息。

系统需求：GX Developer 既可以在 PC 机上运行，也可以在 MITSUBISHI 公司的编程器上运行。PC 机或编程器的最小配置为 Windows 95/98/2000/Me/NT 4.0 及以上。

下面详述 GX Developer 的安装过程。

（1）安装通用环境，进入文件夹 EnvMEL，双击 SETUP.EXE，按照页面提示单击"下一步"按钮即可。

（2）安装完成后再进入文件夹 GX8C，双击 SETUP.EXE，如图 1-46 所示。

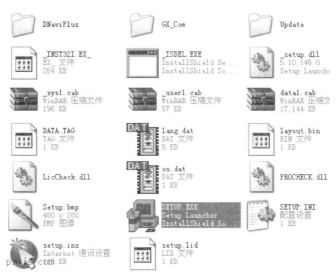

图 1-46　GX Developer 的安装

在安装时，会弹出如图 1-47 所示的关闭应用程序对话框，提示把其他应用程序关掉，包括杀毒软件、防火墙、IE 和办公软件，因为这些软件可能会调用系统的其他文件，影响安装的正常进行。提示：不关闭应用程序，一般不会出现安装不成功的情况。

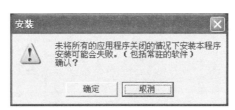

图 1-47　关闭应用程序对话框

（3）输入各种注册信息后输入序列号，如图 1-48 所示。

注意：不同软件的序列号可能会不相同，序列号可以在下载后的压缩包里找到。

（4）千万注意"监视专用 GX Developer"前面不能打钩，否则软件只能监视，这个地方也是出现问题最多的地方，如图 1-49 所示。请注意，往往默认安装都是没有问题的。安装选项中，每一个步骤要仔细看，有的选项打钩了反而不利。

图 1-48　输入产品序列号

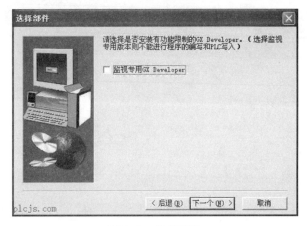

图 1-49　选择部件

（5）等待安装过程，如图 1-50 所示。

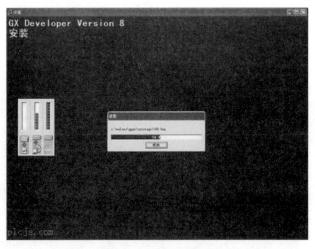

图 1-50　等待安装过程

（6）直到出现，如图 1-51 所示的窗口。

图 1-51 产品安装完毕

2．GX Developer 软件的使用方法

（1）在"开始"→"所有程序"里可以找到安装好的文件，启动编程软件 GX Developer，如图 1-52 所示。

图 1-52 启动编程软件

环境界面如图 1-53 所示。

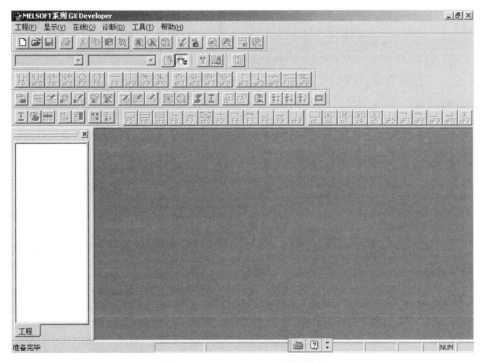

图 1-53 GX Developer 环境界面

（2）创建一个新工程：单击"工程"→"创建新工程"命令，弹出"创建新工程"对话框，在"PLC 系列"下拉选项中选择 FXCPU，在"PLC 类型"选项中选择 FX2N（C），程序类型选择"梯形图逻辑"，在"设置工程名"前打钩，可以输入要保存的路径和文件名称，如图 1-54 所示。

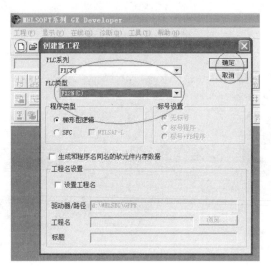

图 1-54　创建新工程

（3）单击"确定"按钮后进入梯形图编辑界面，如图 1-55 所示。

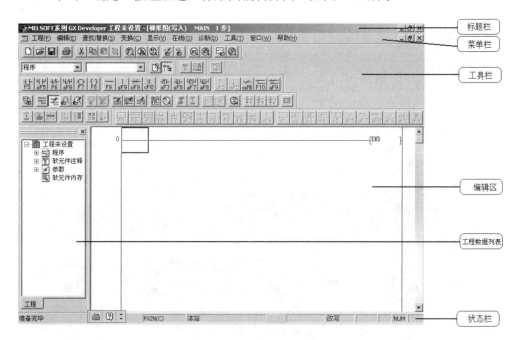

图 1-55　梯形图编辑界面

1）菜单栏。

GX 编程软件有 10 个菜单项。GX Developer 的基本使用方法与一般基于 Windows 操作系统的软件类似，在这里只介绍一些用户常用的对 PLC 操作的用法。

（a）"工程"菜单（如图 1-56 所示）。

在软件菜单里的"工程"菜单下选择"改变 PLC 类型"即可根据要求改变 PLC 类型。

①在"读取其他格式的文件"选项下可以将 FXGP_WIN-C 编写的程序转化成 GX 工程。

②在"写入其他格式的文件"选项下可以将用本软件编写的程序工程转化为 FX 工程。

（b）"在线"菜单（如图 1-57 所示）。

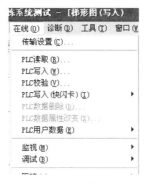

图 1-56　"工程"菜单　　　　　　　　　　图 1-57　"在线"菜单

①在"传输设置"对话框中可以改变计算机与 PLC 通信的参数，如图 1-58 所示。

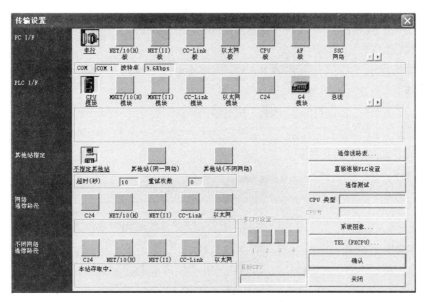

图 1-58　"传输设置"对话框

②选择"PLC 读取""PLC 写入""PLC 效验"可以对 PLC 进行程序上传、下载、比较操作。

③选择不同的数据可对不同的文件进行操作。

④选择"监视"选项可以对 PLC 状态实行实时监视。

⑤选择"调试"选项可以完成对 PLC 的软元件测试、强制输入/输出和程序执行模式变化等操作，如图 1-59 所示。

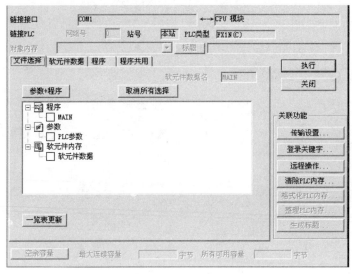

图 1-59　对 PLC 软元件的调试

2）工具栏。

工具栏分为主工具、图形编辑工具、视图工具等，它们在工具栏上的位置是可以拖动改变的。

3）编辑区。

这是程序、注解、注释、参数等的编辑区域。

4）工程数据列表。

以树状结构显示工程的各项内容，如程序、软元件注释、参数等。

5）状态栏。

显示当前的状态，如鼠标所指按钮功能提示、读写状态、PLC 的型号等内容。

3．梯形图程序的编制

程序编制界面如图 1-60 所示。

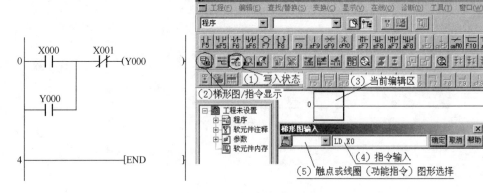

图 1-60　程序编制界面

程序变换前的界面如图 1-61 所示。

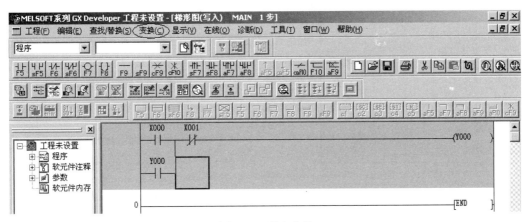

图 1-61 程序变换

4. GX Simulator 仿真软件的使用方法

仿真软件的功能就是将编写好的程序在计算机中虚拟运行，如果没有编好的程序，是无法进行仿真的。

（1）在安装仿真软件 GX Simulator 之前，必须先安装编程软件 GX Developer，并且版本要互相兼容。

（2）安装好编程软件和仿真软件后，在桌面或者"开始"菜单中并没有仿真软件的图标。

因为仿真软件被集成到编程软件 GX Developer 中了，其实这个仿真软件相当于编程软件的一个插件。

（3）通过"工具"菜单启动仿真（如图 1-62 所示），也可以通过快捷图标启动仿真（如图 1-63 所示）。

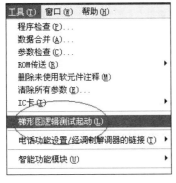
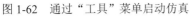
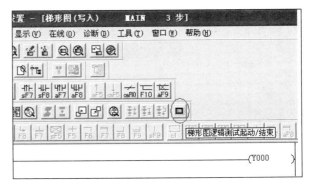

图 1-62 通过"工具"菜单启动仿真　　　图 1-63 通过快捷图标启动仿真

上面两种方式都可以启动仿真，这个小窗口就是仿真窗口，显示运行状态，如果出错会有说明。

（4）启动仿真后程序开始模拟 PLC 写入过程，如图 1-64 和图 1-65 所示。

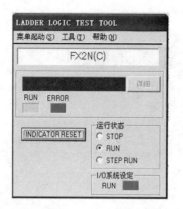

图 1-64　启动仿真

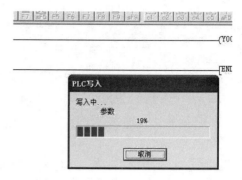

图 1-65　模拟 PLC 写入

这时程序已经开始运行，如图 1-66 所示。

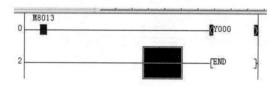

图 1-66　开始运行程序

并且可以通过软元件测试来强制一些输入条件 ON，如图 1-67 所示。

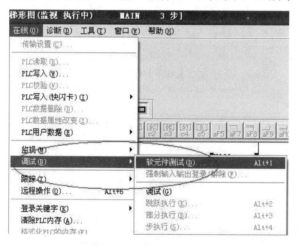

图 1-67　软元件测试

1.4　项目任务实施（教师引导做）

1．根据图 1-2 所示的硬件电路图连接三相异步电动机的主电路和 PLC 控制电路。

2．通过专用电缆连接 PC 与 PLC 主机，打开 GX Developer 编程软件，输入连续运行梯形图程序（如图 1-68 所示），检查无误并把其下载到 PLC 主机后将主机上的 STOP/RUN 按钮拨到 RUN 位置，运行指示灯点亮，表明程序开始运行，有关的指示灯将显示运行结果。

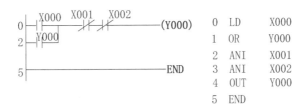

图 1-68　三相异步电动机连续运行控制程序

3. PLC 模拟调试。按下 SB2 起动按钮，观察输出指示灯 Y0 点亮，按下 SB1 停止按钮，Y0 指示灯熄灭。

4. 空载调试。接通 PLC 控制电路端电源（视负载情况接交流 220V 或直流 24V，此处为直流 24V），按下 SB2 起动按钮和 SB1 停止按钮，观察接触器触点闭合声音是否正常。

5. 带负载调试。接通三相异步电动机主电路电源，按下 SB2 起动按钮，观察三相异步电动机连续转动，按下 SB1 停止按钮，三相异步电动机停止转动。

6. 断开 PLC 电源，断开主电路电源，整理实训设备。

学习任务单卡 1

班级：_____　组别：_____　学号：_____　姓名：_____　实训日期：_____

课程信息	课程名称	教学单元	本次课训练任务		学时	实训地点
	PLC 应用技术	电动机起保停的 PLC 控制	任务 1 认识 PLC		2	PLC 实训室
			任务 2 电动机起保停的 PLC 控制		2	
任务描述	熟悉 PLC 的结构、工作原理、编程语言及编程软件，分析并实现用 PLC 控制电动机起保停					
学做过程记录	任务 1 认识 PLC					
	实训步骤： 1. 选出不属于 PLC 的基本结构（　　）。 　　A. 电源　B. CPU　C. 输入/输出模块　D. 扩展模块　E. 编程设备 2. PLC 的编程语言有（　　）（多选），（　　）是 PLC 最常用的图形编程语言（单选）。 　　A. 顺序功能图　B. 梯形图　C. C 语言　D. 功能块图　E. 指令表　F. 结构文本 3. FX 系列 PLC 梯形图中编程元件的基本数据结构有位元件和_____元件，其中数据结构为位元件的有 4 种基本编程元件，分别为_____、_____、辅助继电器（M）和状态（S）。 4. 编写电动机起保停控制的梯形图程序。 【教师现场评价：完成□，未完成□】					
	任务 2 电动机起保停的 PLC 控制					
	1. 按图 1 电动机起保停电路中的主电路和图 2 的外部接线示意图接线					

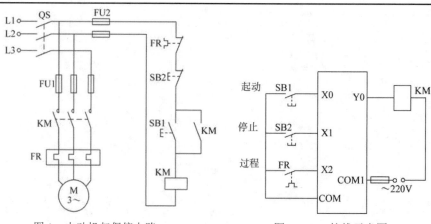

图 1   电动机起保停电路   图 2   PLC 接线示意图

【教师现场评价：完成□，未完成□】

2．将编好的程序输入 PLC，实现电动机起保停 PLC 控制。

【教师现场评价：完成□，未完成□】

3．在下方空白处写出 PLC 控制电机起保停的梯形图程序及指令表。

4．课后使用 FX-TRN-BEG-C 仿真软件完成拓展项目。

自我评价	A. 基本掌握 B. 大部分掌握 C. 掌握一小部分 D. 完全没掌握 选项（ ）
学生建议	·

1.5   知识拓展：常用低压电器

凡是对电能的生产、输送、分配和使用起控制、调节、检测、转换及保护作用的电工器械均可称为电器。工作在交流 50Hz 额定电压 1200V 或者直流额定电压 1500V 及以下电路中起通断、保护、控制或调节作用的电器产品叫做低压电器。

下面介绍低压电器的分类。

（1）按用途分类。

控制电器：用于各种控制电路和控制系统的电器，如接触器、继电器等。

主令电器：用于自动控制系统中发送控制指令的电器，如按钮、行程开关等。

保护电器：用于保护电路及用电设备的电器，如熔断器、热继电器等。

配电电器：用于电能的输送和分配的电器，如低压断路器、隔离器等。

执行电器：用于完成某种动作或传动功能的电器，如电磁铁、电磁离合器等。

（2）按工作原理分类。

电磁式电器：依据电磁感应原理来工作的电器，如交直流接触器、各种电磁式继电器等。

非电量控制器：电器的工作是靠外力或某种非电物理量的变化而动作的电器，如刀开关、行程开关、按钮、速度继电器、压力继电器、温度继电器等。

低压电器目前正沿着体积小、重量轻、安全可靠、使用方便的方向发展，大力发展电子化的新型控制电器，如接近开关、光电开关、电子式时间继电器、固态继电器与接触器等，以适应控制系统迅速电子化的需要。

1. 主令电器

主令电器是用来发布命令、改变控制系统工作状态的电器，主要有控制按钮、行程开关、接近开关等。

（1）控制按钮。

按钮常用于接通和断开控制电路，其外形图和结构如图 1-69 所示。

常闭触头

常开触头

图 1-69　按钮的结构图和外形图

按钮图形符号和文字符号如图 1-70 所示。

动合（常开）按钮　　　动断（常闭）按钮　　　复合按钮

图 1-70　按钮的图形符号和文字符号

按钮的选择应根据使用场合、控制电路所需触点数目及按钮颜色等要求选用。一般用红色表示停止和急停，绿色表示起动，黑色表示点动，蓝色表示复位，另外还有黄、白等颜色，供不同场合使用。

（2）行程开关。

行程开关的作用：用来控制某些机械部件的运动行程和位置或限位保护。

行程开关的结构：行程开关由操作机构、触点系统和外壳等部分构成。

行程开关的分类：按结构可分为直杆式和旋转式，旋转式中又有单轮和双轮两种。

行程开关的外形图如图 1-71 所示。

图 1-71　行程开关的外形图

行程开关结构与按钮类似，但其动作要由机械撞击。

行程开关的选择：在选择行程开关时，应根据被控制电路的特点、要求、生产现场条件和触点数量等因素进行考虑。常用的行程开关有 LX19、LX31、LX32、JLXK1 等系列产品。

行程开关的示意图以及图形符号和文字符号如图 1-72 所示。

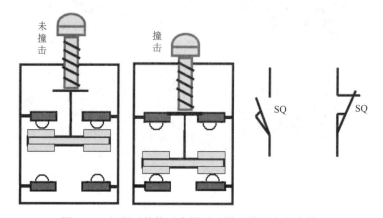

图 1-72　行程开关的示意图以及图形符号和文字符号

（3）接近开关。

接近开关又称无触点行程开关，它是一种非接触型的检测装置。

接近开关的作用：可以代替行程开关完成传动装置的位移控制和限位保护，还广泛用于检测零件尺寸、测速和快速自动计数以及加工程序的自动衔接等。

接近开关的特点：工作可靠、寿命长、功耗低、重复定位精度高、灵敏度高、频率响应快、能适应恶劣的工作环境等。

接近开关按工作原理分为：高频振荡型、电容型、永久磁铁型、霍尔效应型等。

接近开关的文字符号及图形符号如图 1-73 所示。

2. 组合开关

常用在机床的控制电路中，作为电源的引入开关或是控制小容量电动机的直接起动、反转、调速和停止的控制开关等。组合开关有单极、双极和多极之分。

图 1-73 接近开关的图形符号和文字符号

组合开关由动触片、静触片、转轴、手柄、凸轮、绝缘杆等部件组成。当转动手柄时，每层的动触片随转轴一起转动，使动触片分别和静触片保持接通和分断。为了使组合开关在分断电流时迅速熄弧，在开关的转轴上装有弹簧，能使开关快速闭合和分断。

组合开关的图形符号和文字符号如图 1-74 所示。

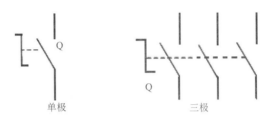

单极   三极

图 1-74 组合开关的图形符号和文字符号

3. 低压断路器（自动开关）

低压断路器又称自动空气开关或自动空气断路器，简称自动开关，如图 1-75 所示。

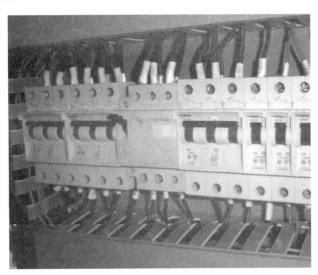

图 1-75 低压断路器

（1）低压断路器的作用及分类。

作用：用于电动机和其他用电设备的电路中，在正常情况下，它可以分断和接通工作电流；当电路发生过载、短路、失压等故障时，它能自动切断故障电路，有效地保护串接于它后面的电器设备；还可用于不频繁地接通、分断负荷的电路，控制电动机的运行和停止。

分类：框架式（万能式）、塑料外壳式（装置式）。

（2）低压断路器的结构和工作原理（如图 1-76 所示）。

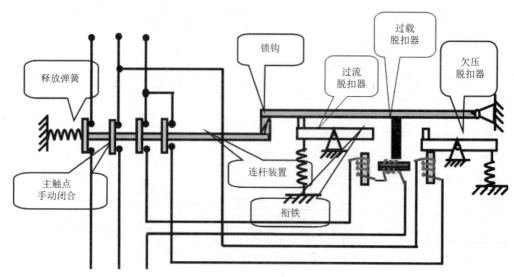

图 1-76 低压断路器的结构和工作原理

低压断路器主要包括触点系统和灭弧装置。触点系统用于接通和分断主电路，为了加强灭弧能力，在主触点处装有灭弧装置。

脱扣器是断路器的感测元件，当电路出现故障时，脱扣器收到信号后，经脱扣机构动作，使触点分断，包括：欠压脱扣器、过电流脱扣器、过载脱扣器。脱扣机构和操作机构是断路器的机械传动部件，当脱扣结构接收到信号后由断路器切断电路。

低压断路器的图形符号和文字符号如图 1-77 所示。

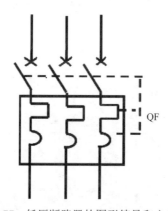

图 1-77 低压断路器的图形符号和文字符号

（3）低压断路器的主要技术参数。

低压断路器的主要技术参数有：额定电压、额定电流、极数、脱扣器类型、整定电流范围、分断能力、动作时间等。

（4）低压断路器的选用原则。

● 根据电气装置的要求确定断路器的类型。

- 根据对线路的保护要求确定断路器的保护形式；
- 低压断路器的额定电压和额定电流应大于或等于线路、设备的正常工作电压和工作电流；
- 低压断路器的极限通断能力大于或等于电路最大短路电流；
- 欠电压脱扣器的额定电压等于线路的额定电压；
- 过电流脱扣器的额定电流大于或等于线路的最大负载电流。

4. 接触器

（1）接触器的用途：用来频繁接通和断开电动机或其他负载主电路。

（2）接触器的分类：交流接触器和直流接触器。

（3）接触器的结构：电磁系统、触点系统、灭弧装置。

电磁系统由铁心（静铁心）、衔铁（动铁心）和励磁线圈等几部分构成，如图 1-78 所示。

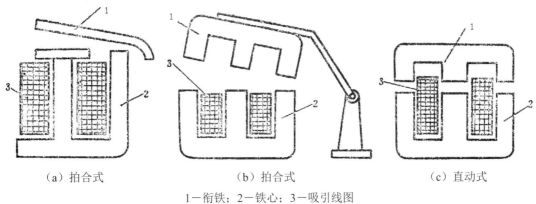

（a）拍合式　　　　　　（b）拍合式　　　　　　（c）直动式

1—衔铁；2—铁心；3—吸引线图

图 1-78　常用的磁路结构

触点系统有桥式和指式两种，桥式触点又有点接触式和面接触式两种。点接触式用于电流不大的场合，面接触式用于电流较大的场合，指式适用于触点分合次数多、电流大的场合。触点有主触点和辅助触点之分，主触点用于通断电流较大的主电路，辅助触点用于通断电流较小的控制电路。

灭弧装置的作用是迅速熄灭主触点在分断电路时所产生的电弧，保护触点不受电弧灼伤，并使分断时间缩短。

（4）接触器的工作原理。

当接触器的励磁线圈通电后，在衔铁气隙处产生电磁吸力，使衔铁吸合。由于主触点支持件与衔铁固定在一起，衔铁吸合带动主触点也闭合，接通主电路。与此同时，衔铁还带动辅助触点动作，使动合触点闭合，动断触点断开。当线圈断电或电压显著降低时，电磁吸力消失或变小，衔铁在复位弹簧的作用下打开，使主、辅触点恢复到原来的状态，把电路切断。

（5）交流接触器。

交流接触器用于远距离控制电压至 380V 电流至 600A 的交流电路，以及频繁起动和控制交流电动机的控制电器。常用的交流接触器产品，国内有 NC3（CJ46）、CJ12、CJ10X、CJ20、CJX1、CJX2 等系列，引进国外技术生产的有 B 系列、3TB、3TD、LC-D 等系列。CJ20 系列交流接触器的主触点均做成三极，辅助触点则为两动合两动断形式。此系列交流接触器常用于控制笼型电动机的起动和运转。图 1-79 所示为交流接触器结构图。

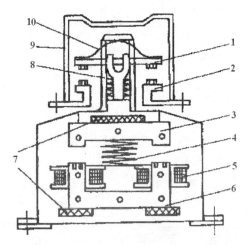

1—动触桥；2—静触点；3—衔铁；4—缓冲弹簧；5—电磁线圈；6—铁心；

7—垫毡；8—触点弹簧；9—灭弧罩；10—触点压力黄片

图 1-79   交流接触器结构图

（6）直流接触器。

直流接触器与交流接触器的工作原理相同，结构也基本相同，不同之处是，铁心线圈通以直流电，不会产生涡流和磁滞损耗，所以不发热。为方便加工，铁心由整块软钢制成。为使线圈散热良好，通常将线圈绕制成长而薄的圆筒型，与铁心直接接触，易于散热。常用的直流接触器有 CZ0、CZ18 等系列。接触器的图形符号和文字符号如图 1-80 所示。

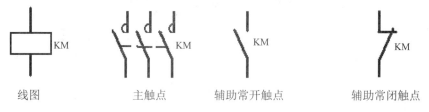

线图   主触点   辅助常开触点   辅助常闭触点

图 1-80   接触器的图形符号和文字符号

（7）接触器的主要技术参数。

额定电压、主触点额定电流、辅助触点额定电流、主触点和辅助触点数目、吸引线圈额定电压、接通和分断能力。

（8）接触器的选用。

选用接触器的原则如下：

● 控制交流负载应选用交流接触器，控制直流负载则选用直流接触器。

● 接触器的使用类别应与负载性质相一致。

● 主触点额定电压应大于或等于负载回路的额定电压。

● 主触点的额定电流应大于或等于负载的额定电流。

● 吸引线圈电流种类和额定电压应与控制回路电压相一致,接触器在线圈额定电压 85% 及以上时应能可靠吸合。

● 接触器的主触点和辅助触点的数量应满足控制系统的要求。

5. 继电器

继电器是一种利用电流、电压、时间、温度等信号的变化来接通或断开所控制的电路，以实现自动控制或完成保护任务的自动电器。

（1）中间继电器。

中间继电器与接触器的结构和工作原理大致相同。

主要区别：接触器的主触点可以通过大电流；继电器的体积和触点容量小，触点数目多，且只能通过小电流。所以，继电器一般用于机床的控制电路中。中间继电器的结构以及图形符号和文字符号如图 1-81 所示。

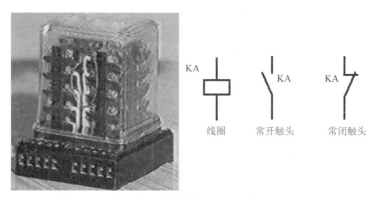

图 1-81　中间继电器的结构以及图形符号和文字符号

（2）时间继电器。

时间继电器是从得到输入信号（线圈通电或断电）起，经过一段时间延时后触点才动作的继电器，适用于定时控制。时间继电器按工作原理可分为：空气阻尼式、电磁式、电动式、电子式等；按演示方式可分为：通电延时型和断电延时型。时间继电器的图形符号和文字符号如图 1-82 所示。

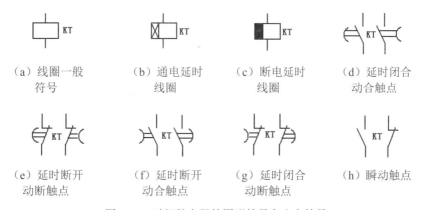

（a）线圈一般　　（b）通电延时　　（c）断电延时　　（d）延时闭合
　　符号　　　　　　线圈　　　　　　线圈　　　　　动合触点

（e）延时断开　　（f）延时断开　　（g）延时闭合　　（h）瞬动触点
　动断触点　　　动合触点　　　动断触点

图 1-82　时间继电器的图形符号和文字符号

（3）保护电器。

保护电器包括：热继电器、电流继电器、电压继电器、熔断器等。

1）热继电器。

热继电器是一种利用电流的热效应来切断电路的保护电器，专门用来对连续运转的电动机进行过载及断相保护，以防电动机过热而烧毁。热继电器的外形结构图如图 1-83 所示。

图 1-83　热继电器的外形结构图

热继电器的工作原理：发热元件接入电机主电路，若长时间过载，双金属片被加热。因双金属片的下层膨胀系数大，使其弯曲，推动导板运动，常闭触点断开。

热继电器的主要参数：热继电器额定电流、相数、热元件额定电流、整定电流、调节范围。常用的热继电器有 JR0、JR14、JR15、JR16、JR20 等系列。热继电器的基本技术数据可查阅有关资料。热继电器的图形符号和文字符号如图 1-84 所示。

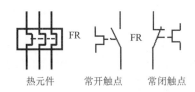

图 1-84　热继电器的图形符号和文字符号

热继电器的选用原则：根据实际要求确定热继电器的结构类型，根据电动机的额定电流来确定热继电器的型号、热元件的电流等级和整定电流。

2）电流继电器。

电流继电器是根据输入电流大小而动作的继电器。使用时，电流继电器的线圈和被保护的设备串联，其线圈匝数少而线径粗、阻抗小、分压小，不影响电路正常工作。电流继电器按用途可分为过电流继电器和欠电流继电器。电流继电器的图形符号和文字符号如图 1-85 所示。

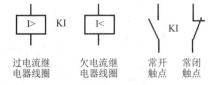

图 1-85　电流继电器的图形符号和文字符号

3）电压继电器。

电压继电器是根据输入电压大小而动作的继电器。使用时，电压继电器的线圈与负载并联，其线圈匝数多而线径细。电压继电器有：过电压继电器、欠电压继电器、零电压继电器三种。电压继电器的图形符号和文字符号如图 1-86 所示。

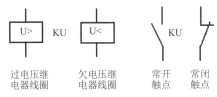

图 1-86　电压继电器的图形符号和文字符号

4）熔断器。

熔断器用于低压线路中的短路保护。常用的有插入式熔断器、螺旋式熔断器、管式熔断器和有填料式熔断器，如图 1-87 所示。

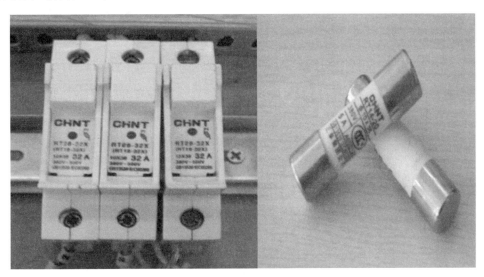

图 1-87　熔断器的结构图以及图形符号和文字符号

熔断器的选用原则：

● 根据线路的要求、使用场合和安装条件选择熔断器类型。

● 熔断器的额定电压应大于或等于线路的工作电压。

● 熔断器的额定电流应大于或等于所装熔体的额定电流。

熔体额定电流的选择：

● 电路上、下两级都装设熔断器时，为使两级保护相互配合良好，两级熔体额定电流的比值不小于 1.6∶1。

● 用于电炉、照明等电阻性负载的短路保护，熔体的额定电流等于或稍大于电路的工作电流。

● 保护一台异步电动机时，考虑电动机冲击电流的影响，熔体的额定电流按式：$I_{fN} \geqslant$

$(1.5\sim2.5)I_N$ 计算，式中，I_{fN} 为熔体额定电流，I_N 为电动机额定电流。

● 保护多台异步电动机时，若各台电动机不同时起动，则应按式：$I_{fN}\geqslant(1.5\sim2.5)I_{N,\max}+\sum I_N$ 计算。

1.6 项目拓展：机床电机起停的编程与调试（仿真）

1. FX-TRN-BEG-C 仿真软件整体介绍

FX-TRN-BEG-C 仿真软件是三菱电机公司最新推出的虚拟学习通用梯形图逻辑编程的软件，将软件装在计算机上即可开始学习梯形图应用，软件采用三维的虚拟空间设计，可以控制一个实时制造单元，并对 PLC 进行仿真操作，如图 1-88 所示。

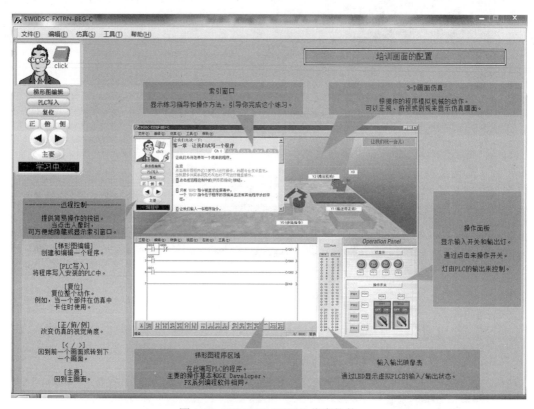

图 1-88   FX-TRN-BEG-C 仿真软件

FX-TRN-BEG-C 仿真软件中使用三维立体图形模拟表示机器设备的输入和输出器件，如按键、指示灯、控制面板、传感器或传送带电机等（如图 1-89 所示），并与虚拟 PLC 做了电气连接。

在 FX-TRN-BEG-C 软件中，模拟了实物当中的控制面板的操作（如图 1-90 所示），PLC 控制系统的控制面板利用模拟按钮与输入/输出映像表对照，可以使读者进行控制面板的模拟操作。

FX-TRN-BEG-C 软件仿真时只需要根据指导窗口中的控制说明和已经分配好的输入（X）和输出（Y）设备号编写梯形图程序（如图 1-91 所示），仿真软件就将梯形图程序模拟写出到 PLC 主机，并模拟仿真 PLC 控制现场机械设备运行。

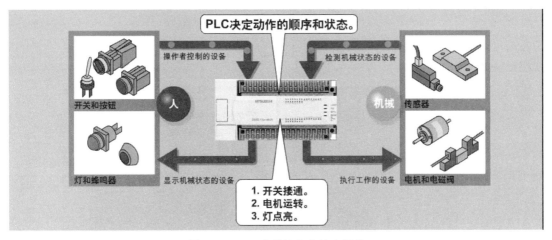

图 1-89 PLC 中的输入和输出器件

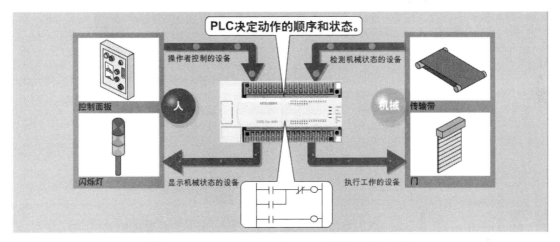

图 1-90 FX-TRN-BEG-C 中 PLC 的输入和输出对象

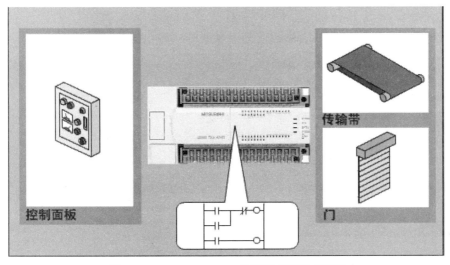

图 1-91 FX-TRN-BEG-C 编写梯形图程序界面

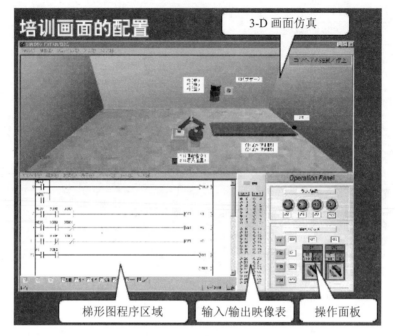

图 1-91　FX-TRN-BEG-C 编写梯形图程序界面（续图）

2．FX-TRN-BEG-C 仿真软件功能模块介绍

FX-TRN-BEG-C 仿真软件功能模块分为："A：让我们学习 FX 系列 PLC！""B：让我们学习基本的""C：轻松的练习！""D：初级挑战""E：中级挑战"和"F：高级挑战"六个学习部分，如图 1-92 所示。

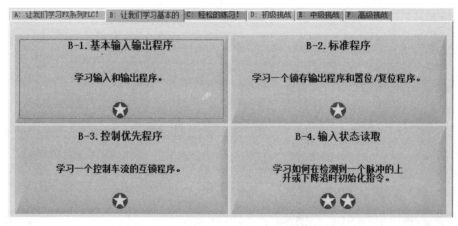

图 1-92　FX-TRN-BEG-C 仿真软件功能模块

通过表 1-4 可以看出，我们的学习部分是由浅入深的，我们的项目也是由简单到复杂的一个过程。

表 1-4　仿真软件功能模块

学习部分	项目介绍	备注
A：让我们学习 FX 系列 PLC！	A-1. 介绍 FX 系列 PLC	
	A-2. FX 系列 PLC 的应用范例	
	A-3. 让我们玩一会儿	
B：让我们学习基本的	B-1. 基本输入/输出程序范例	
	B-2. 标准程序范例	
	B-3. 控制优先程序	
	B-4. 输入状态读取	
C：轻松的练习！	C-1. 基本定时器操作	
	C-2. 应用定时器程序-1	
	C-3. 应用定时器程序-2	
	C-4. 基本计数器程序	
D：初级挑战	D-1. 呼叫单元	
	D-2. 检测传感器灯	
	D-3. 交通灯的时间控制	
	D-4. 不同尺寸的部件分拣	
	D-5. 输送带起动/停止	
	D-6. 输送带驱动	
E：中级挑战	E-1. 按钮信号	
	E-2. 不同尺寸的部件分拣	
	E-3. 部件移动	
	E-4. 钻孔	
	E-5. 部件供给控制	
	E-6. 输送带控制	
F：高级挑战	F-1. 自动门操作	
	F-2. 舞台装置	
	F-3. 部件分配	
	F-4. 不良部件的分拣	
	F-5. 正反转控制	
	F-6. 升降机控制	
	F-7. 分拣和分配线	

3．FX-TRN-BEG-C 操作界面介绍

（1）指导窗口。

如图 1-93 所示，左上角是指导窗口，可以进行梯形图的编辑、PLC 的写入，后面有其具体介绍，中间上部分是仿真画面，可以通过程序编写进行仿真控制，左下部分是梯形图的编程区域，具体操作后面也有详细介绍，下方右侧部分包含了 I/O 配置和模拟按钮的分配情况，后面也有具体介绍。

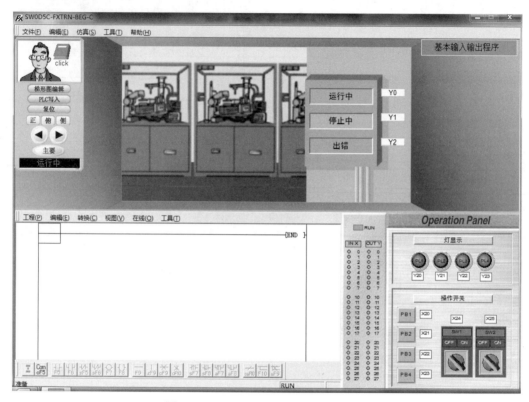

图 1-93   FX-TRN-BEG-C 编程仿真界面

编程仿真界面的上半部分，左起依次为远程控制画面、培训辅导画面和现场工艺仿真画面。单击远程控制画面的教师图像可以关闭或打开培训辅导画面。

仿真界面"编辑"菜单下的"I/O 清单"选项显示该练习项目的现场工艺过程和工艺条件的 I/O 配置说明。对每个练习项目的 I/O 配置说明需仔细阅读，正确运用。

（2）I/O 状态显示界面。

编程仿真界面的下半部分右侧依次为 I/O 状态显示画面、模拟灯光显示画面和模拟开关操作画面。

I/O 状态显示画面，用灯光显示一个 48 个 I/O 点的 PLC 主机的某个输入或输出继电器是否接通吸合。

虚拟 PLC 输入/输出映像表这里提供虚拟 PLC 的输入/输出状态的监控。

指导窗口如图 1-94 所示。

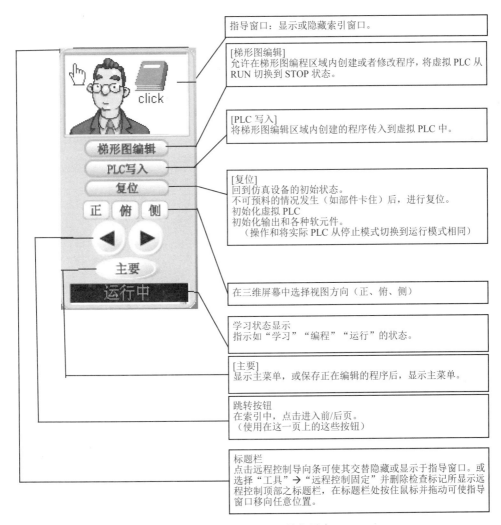

图 1-94 FX-TRN-BEG-C 的指导窗口

仿真现场给出的 X 的位置，实际是该位置的传感器，连接到 PLC 的某个输入接口 X；给出的 Y 的位置，实际是该位置的执行部件被 PLC 的某个输出接口 Y 所驱动。这里以 X 或 Y 的位置替代说明传感器或执行部件的位置。

仿真现场的机器人、机械臂和分拣器等为点动运行，自动复位。

仿真现场的光电传感器，遮光时，其常开触点接通，常闭触点分断，通光时相反。

在模拟灯光显示画面中，其模拟电灯已经连接到标示的 PLC 输出点。也就是说每一个模拟的指示灯与 PLC 的输出点是对应的关系。

（3）模拟开关操作界面。

界面中的模拟开关已经连接到标示的 PLC 输入点，也就是说模拟开关与 PLC 的输入点是对应的关系，例如 PB 为自复位式点动常开按钮，SW 为自锁式转换开关，面板上的 OFF、ON 是指其常开触点分断或接通。FX-TRN-BEG-C 软件的 I/O 配置及模拟按钮的分配情况分别如图 1-95、图 1-96 所示。

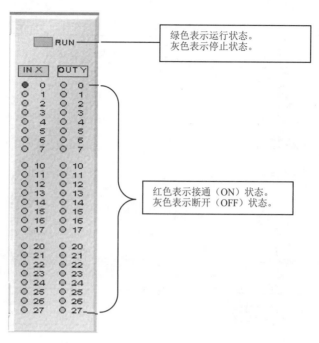

图 1-95   FX-TRN-BEG-C 的 I/O 配置

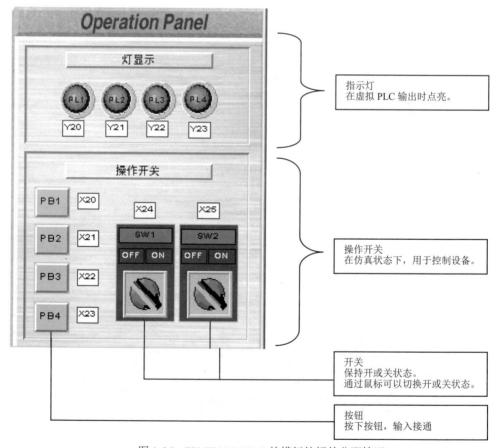

图 1-96   FX-TRN-BEG-C 的模拟按钮的分配情况

（4）编程界面。

编程仿真界面的下半部分左侧为编程界面，编程界面上方为操作菜单，其中"工程"菜单相当于其他应用程序的"文件"菜单。只有在编程状态下才能使用"工程"菜单进行打开、保存等操作，如图 1-97 所示。

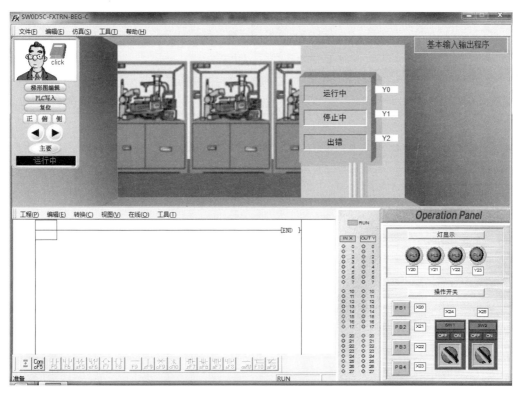

图 1-97　编程界面

编程界面两侧的垂直线是左右母线，之间为编程区。编程区中的光标可用鼠标左键单击移动，也可用键盘的四个方向键移动。光标所在位置是放置、删除元件等操作的位置。

仿真运行时，梯形图上不论触点和线圈，蓝色表示该元件接通。

受软件反应灵敏度所限，为保证可靠动作，对各元件的驱动时间应不小于 0.5s。

（5）程序编制和仿真调试。

单击"梯形图编辑"进入编程状态，该软件只能利用梯形图编程，可通过单击界面左下角的"转换程序"按钮或按 F4 键将梯形图转换成语句表，以便写入模拟的 PLC 主机。但是该软件不能用语句表编程，也不能显示语句表。编程界面下方显示可用鼠标左键单击的元件符号，如图 1-98 所示。

图 1-98　编程热键

4．机床电机启停的编程与调试（仿真）

FX-TRN-BEG-C 软件界面如图 1-97 所示。

（1）设计要求。

- 起动机床时：按下起动按钮 PB2，机床起动，"运行中"指示灯 Y0 亮。
- 停止机床时：按下停止按钮 PB1，机床停止，"运行中"指示灯 Y0 灭，"停止中"指示灯亮。
- 机床出错时：旋转按钮 SW1 为 NO 状态，机床停止运行，Y0、Y1 指示灯灭，"出错"指示灯亮，此时不能在进行起动、停止操作，直到旋转按钮 SW1 为 OFF 状态才能正常操作。

（2）画出元件分配表，如表 1-5 所示。

表 1-5　元件分配表

输入			输出		
设备名称	操作开关	输入点编号	设备名称	输出点编号	
停止按钮	PB1	X20	运行中	Y0	
起动按钮	PB2	X21	停止中	Y1	
出错按钮	SW1	X24	出错	Y2	

（3）在仿真软件中编写程序，实现控制要求。具体程序参考如图 1-99 所示。

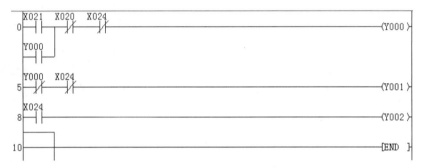

图 1-99　机床电机起停的梯形图

1.7　思考与练习

1．FX$_{2N}$ 型 PLC 面板由几部分组成？各部分的作用是什么？

2．简述 FX$_{2N}$ 型 PLC 的功能指标。

3．LD 与 LDI 指令有哪些区别？

4．如何提高 PLC 的可靠性？

项目二　三相异步电动机正反转控制系统的编程与调试

2.1　项目训练目标

1. 能力目标

（1）能正确使用 LD、LDI、OUT、AND、ANI、OR、ORI、END 指令编程。

（2）能正确按接线图连线。

（3）能使用 GX Developer 编程软件编写基本指令程序。

（4）能分配简单 PLC 控制系统 I/O 口。

2. 知识目标

（1）掌握经验法编程方法。

（2）掌握中间继电器。

（3）掌握软件的使用及程序的输入方法。

（4）熟悉传统的继电器接触器控制系统。

2.2　项目训练任务

1. 训练内容和要求

三相异步电动机正反转控制的继电器接触器控制原理图如图 2-1 所示，现要改用 PLC 来控制三相异步电动机的起动和停止。具体设计要求为：按下正转起动按钮 SB2，电动机起动，正向连续运行；按下反转起动按钮 SB3，电动机起动，反向连续运行；按下停止按钮 SB1 或热继电器 FR 动作时，电动机停止运行。试根据控制要求分析 PLC 输入/输出设备，分配 PLC 的 I/O 口并画出外部接线图，编写 PLC 控制程序实现控制要求。

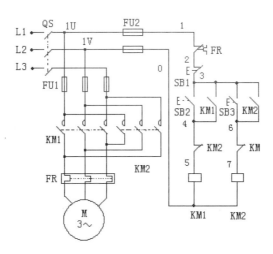

图 2-1　三相异步电动机正反转起动继电器接触器控制原理图

2. 训练步骤及要求

（1）分析继电器控制系统原理，查找图 2-1 控制电路的输入设备和输出设备，并分配 PLC 的 I/O 点给输入、输出设备，填入表 2-1。

表 2-1   PLC 正反转控制系统的 I/O 端口地址分配表

输入			输出		
设备名称	代号	输入点编号	设备名称	代号	输出点编号

（2）根据分配的 I/O 点和输出驱动负载的情况绘制图 2-2 所示的 PLC 接线图。输入端的电源利用 PLC 提供的内部直流电源，也可以根据功率单独提供电源。

（3）根据三相异步电动机正反转控制继电器原理图的主电路和 PLC 外部接线图正确连接好电路。

（4）打开电脑上的 GX Developer 软件，编写正反转 PLC 控制梯形图并下载至 PLC。

（5）PLC 模拟调试。操作按钮 SB1、SB2、SB3，观察 PLC 的输出指示灯是否按要求指示。若输出有误，检查并修改程序，直至指示正确。

（6）空载调试。接通 PLC 输出侧电源，操作按钮 SB1、SB2、SB3，观察接触器的吸合情况，按下 SB2 或 SB3，正转接触器或反转接触器吸合，按下 SB1 停止按钮，接触器断开。若接触器未吸合，请检查 PLC 输出侧电源及输出侧线路是否正确。

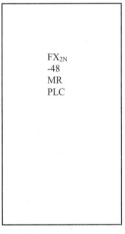

图 2-2   PLC 端子分配（I/O）接线图

（7）带负载调试。接通三相异步电动机主电路电源，操作按钮 SB1、SB2、SB3，观察电动机的运转情况，按下 SB2 或 SB3，正转接触器或反转接触器吸合，电动机正转或反转，按下 SB1 停止按钮，接触器断开，电动机停止转动。若电动机未转动，请检查主电路线路是否正确，电源是否正常供电及是否有缺相。

　　3. 思考与练习

　　（1）如何通过程序实现软互锁？

　　（2）根据给出的梯形图写出指令表。

　　（3）什么是自锁？什么是互锁？总结出在什么场合下使用。

　　（4）如何修改提供的正反转控制程序，使正反转过程中不用先停止再转换？

2.3　相关知识点

2.3.1　内部辅助继电器

　　内部辅助继电器是 PLC 中数量最多的一种继电器，一般的辅助继电器与继电器控制系统中的中间继电器相似。辅助继电器的线圈与输出继电器一样，由 PLC 内各软元件的触点驱动。辅助继电器的常开和常闭触点使用次数不限，在 PLC 内可以自由使用。但是，这些触点不能直接驱动外部负载，外部负载的驱动必须由输出继电器执行。在逻辑运算中经常需要一些中间继电器作为辅助运算用。这些元件不直接对外输入、输出，但经常用作状态暂存、移位运算等。它的数量比软元件 X、Y 多。内部辅助继电器中还有一类特殊的辅助继电器，它有各种特殊功能，如定时时钟、进/借位标志、起动/停止、单步运行、通信状态、出错标志等。FX_{2N} 系列 PLC 的辅助继电器按照其功能分成以下 3 类：

　　（1）通用辅助继电器 M0～M499（500 点）。

　　通用辅助继电器元件是按十进制进行编号的，FX_{2N} 系列 PLC 有 500 点，其编号为 M0～M499。通用辅助继电器在 PLC 运行时，如果电源突然断电，则全部线圈均 OFF。当电源再次接通时，除了因外部输入信号而变为 ON 的以外，其余的仍将保持 OFF 状态，它们没有断电保护功能。通用辅助继电器常在逻辑运算中作为辅助运算、状态暂存、移位等。根据需要可通过程序设定将 M0～M499 变为断电保持辅助继电器。

　　（2）断电保持辅助继电器 M500～M1023（524 点）。

　　PLC 在运行中发生停电，输出继电器和通用辅助继电器全部呈断开状态。再运行时，除去 PLC 运行时就接通的以外，其他都断开。但是，根据不同控制对象要求，有些控制对象需要保持停电前的状态，并能在再运行时再现停电前的状态情形。它之所以能在电源断电时保持其原有的状态，是因为停电时用 PLC 内装的锂电池保持它们映像寄存器中的内容。其中 M500～M1023 可由软件将其设定为通用辅助继电器。

　　下面通过小车往复运动控制来说明断电保持辅助继电器的应用，如图 2-3 所示。小车的正反向运动中，用 M600、M601 控制输出继电器驱动小车运动。X1、X0 为限位输入信号。运行的过程是 X0= ON→M600=ON→Y0=ON→小车右行→停电→小车中途停止→上电（M600=ON→Y0=ON）再右行→X1=ON→M600=OFF、M601=ON→Y1=ON（左行）。可见由于 M600 和 M601 具有断电保持，所以在小车中途因停电停止后，一旦电源恢复，M600 或 M601 仍记忆原来的状态，将由它们控制相应的输出继电器，小车继续原方向运动。若不用断电保护辅助继电器，当小车中途断电后，再次得电小车也不能运动。

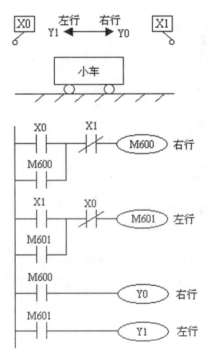

图 2-3　断电保持辅助继电器的作用

（3）特殊辅助继电器 M8000～M8255（256 点）。

PLC 内有大量的特殊辅助继电器，它们都有各自的特殊功能，一般分成两大类。一类是只能利用其触点，其线圈由 PLC 自动驱动。例如 M8000：运行监视器（在 PLC 运行中接通），M8001 与 M8000 相反逻辑。

M8002：初始脉冲（仅在运行开始时瞬间接通），M8003 与 M8002 相反逻辑。

M8011、M8012、M8013 和 M8014 分别是产生 10ms、100ms、1s 和 1min 时钟脉冲的特殊辅助继电器。

M8000、M8002、M8012 的波形图如图 2-4 所示。

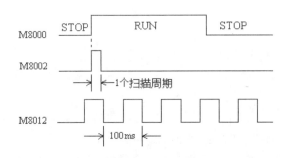

图 2-4　M8000、M8002、M8012 的波形图

另一类是可驱动线圈型的特殊辅助继电器，用户驱动其线圈后，PLC 做特定的动作。例如，M8033：若使其线圈得电，则 PLC 停止时保持输出映像存储器和数据寄存器内容。

M8034：若使其线圈得电，则将 PLC 的输出全部禁止。

M8039：若使其线圈得电，则 PLC 按 D8039 中指定的扫描时间工作。

2.3.2 置位与复位指令

生产实际中，许多情况需要自锁控制。在 PLC 控制系统中，自锁控制可以用置位指令实现。

（1）置位（SET）指令。

SET 指令称为置位指令，功能是：驱动线圈，使其具有自锁功能，维持接通状态。在图 2-5 中，当动合触点 X0 闭合时，执行 SET 指令，使 Y0 线圈接通。在 X0 断开后，Y0 线圈继续保持接通状态，要使 Y0 线圈失电，则必须使用复位指令 RST。

置位指令的操作元件为输出继电器 Y、辅助继电器 M 和状态继电器 S。

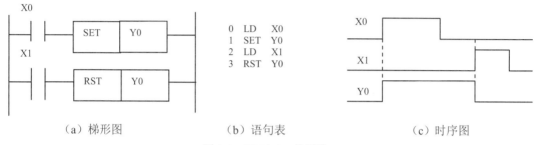

（a）梯形图　　　　　　（b）语句表　　　　　　（c）时序图

图 2-5　SET/RST 的用法

（2）复位（RST）指令。

RST 指令称为复位指令，功能是使线圈复位。在图 2-5 中，当动合触点 X1 闭合时，执行 RST 指令，使 Y0 线圈复位。在 X1 断开后，Y0 线圈继续保持断开状态。

复位指令的操作元件为输出继电器 Y、辅助继电器 M、状态继电器 S、积算定时器 T、计数器 C。它也可以将字元件 D、V、Z 清零。

（3）脉冲微分指令。

脉冲微分指令主要用于检测输入脉冲的上升沿与下降沿，当条件满足时，产生一个很窄的脉冲信号输出。有 PLS、PLF 两条指令。

1）PLS 指令。

PLS 指令称为上升沿脉冲微分指令，其功能是：当检测到输入脉冲信号的上升沿时，使操作元件 Y 或 M 的线圈得电一个扫描周期，产生一个宽度为一个扫描周期的脉冲信号输出。

该指令的操作元件为输出继电器 Y 和辅助继电器 M，但不含特殊继电器。

PLS 指令的使用如图 2-6 所示。

2）PLF 指令。

PLF 指令又称为下降沿脉冲指令，其功能是当检测到输入脉冲信号的下降沿时，使操作元件 Y 或 M 的线圈得电一个扫描周期，产生一个宽度为一个扫描周期的脉冲信号输出。

该指令的操作元件为输出继电器 Y 和辅助继电器 M，但不含特殊继电器。

PLS 指令的使用如图 2-7 所示。

2.3.3 多重输出指令（MPS、MRD、MPP）

多重输出指令又被称为堆栈指令，MPS、MRD、MPP 为一组指令，主要用在当多重输出且逻辑条件不同的情况下，将连接点的结果存储起来，以便连接点后面的电路编程。图 2-8 所示为多重输出指令应用示例。

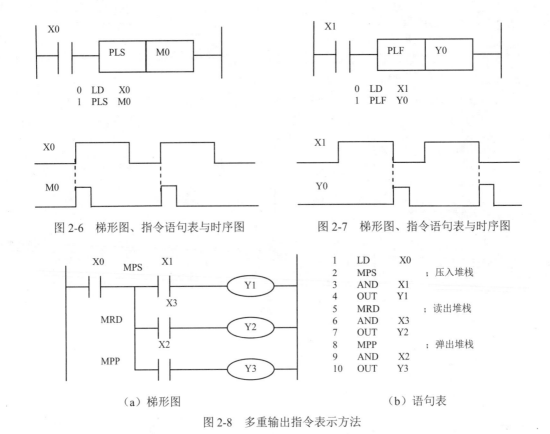

图 2-6　梯形图、指令语句表与时序图　　　　图 2-7　梯形图、指令语句表与时序图

（a）梯形图　　　　　　　　　　　（b）语句表

图 2-8　多重输出指令表示方法

三菱的 FX$_{2N}$ 系列 PLC 中有 11 个存储运算结果的存储器，被称为栈存储器，如图 2-9 所示。

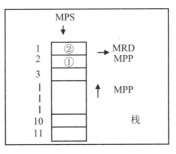

图 2-9　栈存储器

MPS：存储该指令处的运算结果（压入堆栈），使用一次 MPS 指令，该时刻的运算结果就推入栈的第一单元。在没有使用 MPP 指令之前，若再次使用 MPS 指令，当时的逻辑运算结果推入栈的第一单元，先推入的数据依次向栈的下一单元推移。图 2-9 中栈存储器中的①是第一次压栈的数据，②是第二次压栈的数据。

MRD：读出堆栈，读出由 MPS 指令最新存储的运算结果（栈存储器第一单元数据），栈内数据不发生变化。

MPP：弹出堆栈，读出并清除栈存储器第一单元数据，同时以下各存储单元数据向上单元推移。

多重输出指令的入栈出栈工作方式是：后进先出、先进后出。

MPS、MPP 两指令必须成对出现，而 MPS、MPP 之间的 MRD 指令在只有两层输出时不用。而如果输出的层数多，使用的次数就多。在利用梯形图编程的情况下，多重输出指令可以不用过分关注，而且也可以用其他指令取代多重输出指令。图 2-10 所示的梯形图与图 2-8 中的功能相同，也可将压入堆栈的运算结果用中间继电器记忆，将该继电器的动断触点与 MPP、MRD 指令后的其他条件相"与"。

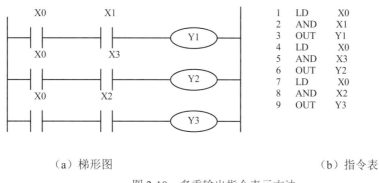

| （a）梯形图 | （b）指令表 |

图 2-10　多重输出指令表示方法

2.3.4　编程规则与典型程序块

利用梯形图编程与采用继电器控制电路有些相似，因此很多人习惯采用梯形图编程。梯形图编程有些基本要求和规则，也有一些规律可循。

（1）梯形图设计的基本原则。

PLC 编程应注意以下基本原则：

● 外部输入/输出继电器、内部继电器、定时器、计数器等软元件的触点可重复使用，没有必要特意采用复杂程序结构来减少触点的使用次数。

● 梯形图每一行都是从左母线开始，线圈接在最右边。在继电器控制原理图中，继电器的触点可以放在线圈的右边，但在梯形图中触点不允许放在线圈的右边，如图 2-11 所示。

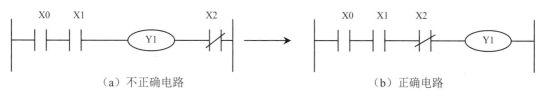

（a）不正确电路　　　　　　　　　　　　（b）正确电路

图 2-11　规则说明

● 线圈不能直接与左母线相连，也就是说线圈输出作为逻辑结果必须有条件。必要时可以使用一个内部继电器的动断触点或内部特殊继电器来实现，如图 2-12 所示。

● 同一编号的线圈在一个程序中使用两次以上称为双线圈输出。双线圈输出容易引起误操作，这时前面的输出无效，只有最后的输出才有效，但该输出线圈对应触点的动作要根据该逻辑运算之前的输出状态来判断。如图 2-13 所示，由于 M1 双线圈输出，所以 M1 输出随最后一个 M1 输出变化，Y1 随第一个 M1 线圈变化，而 Y2 随第二个 M1 输出变化。所以一般情况下，应尽可能避免双线圈输出。

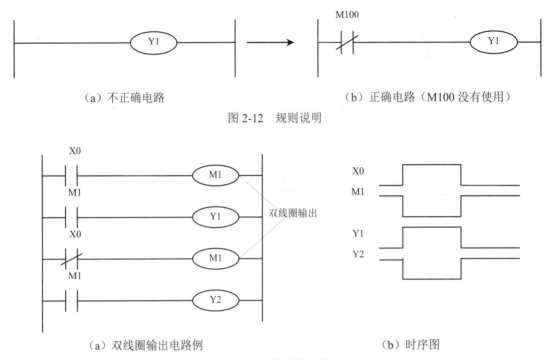

图 2-12　规则说明

图 2-13　双线圈输出说明

- 梯形图程序必须符合顺序执行的原则，即从左到右，从上到下执行，不符合顺序执行的电路不能直接编程，例如图 2-14 所示的电路不能直接编程。
- 梯形图中串并联的触点次数没有限制，可以无限制地使用，如图 2-15 所示。

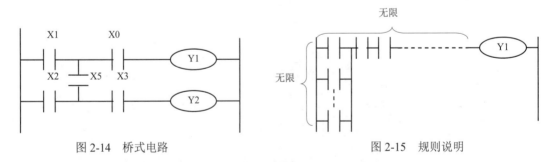

图 2-14　桥式电路　　　　　　　　　　　　图 2-15　规则说明

- 两个或两个以上的线圈可以并联输出，如图 2-16 所示。

（2）典型的控制回路。

- 自保持（自锁）电路。在 PLC 控制程序设计过程中，经常要对脉冲输入信号或者点动按钮输入信号进行保持，这时常采用自锁电路。自锁电路的基本形式如图 2-17 所示。将输入触点（X1）与输出线圈的动合触点（Y1）并联，这样一旦有输入信号（超过一个扫描周期），就能保持（Y1）有输出。要注意的是，自锁电路必须有解锁设计，一般在并联之后采用某一动断触点作为解锁条件，如图 2-17（a）中的 X0 触点。

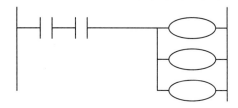

图 2-16 规则说明

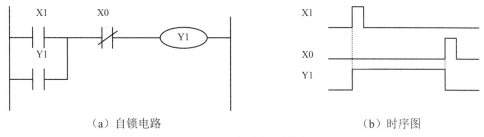

（a）自锁电路 　　　　　　　　　　　　　（b）时序图

图 2-17 自锁电路举例分析

● 优先（互锁）电路。优先电路是指两个输入信号中先到信号取得优先权，后者无效。例如在抢答器程序设计中的抢答优先，又如防止控制的电机两个正反转按钮同时按下的保护电路。图 2-18 所示为优先电路示例。图中，X0 先接通，M10 线圈接通，则 Y0 线圈有输出；同时由于 M10 的动断触点断开，X1 输入再接通时亦无法使 M11 动作；Y1 无输出。若 X1 先接通，情况相反。

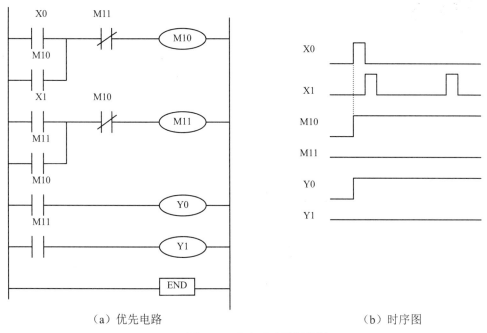

（a）优先电路 　　　　　　　　　　　　　（b）时序图

图 2-18 优先电路举例分析

但该电路存在一个问题：一旦 X0 或 X1 输入后，M10 或 M11 被自锁和互锁作用，使 M10 或 M11 永远接通。因此，该电路一般要在输出线圈前串联一个用于解锁的动断触点。

2.3.5   常开常闭触点的处理

1. 常开常闭触点的处理

有些输入信号只能由常闭触点提供，图 2-19（a）所示是控制电机运行的电路图，SB1 和 SB2 分别是起动按钮和停止按钮，如果将它们的常开触点接到 PLC 的输入端，梯形图中触点的类型与图 2-19（a）完全一致。如果接入 PLC 的是 SB2 的常闭触点，按下图 2-19（b）中的 SB2，其常闭触点断开，X1 变为 OFF，它的常开触点断开，显然在梯形图中应将 X1 的常开触点与 Y0 的线圈串联，如图 2-19（c）所示，但是这时在梯形图中所用的 X1 的触点类型与 PLC 外接 SB2 的常开触点时刚好相反，与继电器电路图中的习惯也是相反的。建议尽可能用常开触点作为 PLC 的输入信号。

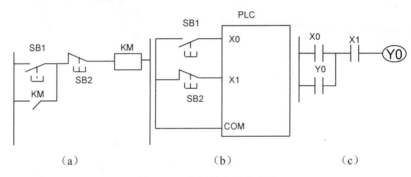

（a）   （b）   （c）

图 2-19   常闭触点输入电路

如果某些信号只能用常闭触点输入，可以按输入全部为常开触点来设计，然后将梯形图中相应的输入继电器的触点改为相反的触点，即常开触点改为常闭触点，常闭触点改为常开触点。

2. 热继电器过载信号的处理

如果热继电器属于自动复位型，其触点提供的过载信号必须通过输入电路提供给 PLC，借助于梯形图程序实现过载保护，经梯形图程序控制 PLC 输出。若接在 PLC 输出端，电机过载时，热继电器常闭触点断开，使输出端的电流回路断开，接触器线圈断电，但 PLC 输出软继电器仍得电，一旦热继电器触点自动复位，又会驱动接触器线圈得电，引发安全事故；如果属于手动复位型，其动断触点可以接在 PLC 的输出电路中，亦可接在 PLC 的输入电路中。

2.4   项目任务实施

1. 工作原理分析

在图 2-1 中，按下正转起动按钮 SB2，正转接触器 KM1 得电并自锁，KM1 主触头闭合，电动机正转，KM1 常闭辅助触头断开，即使按下 SB3，反转接触器也不能得电，若要反转，需要先按下停止按钮 SB1，正转接触器 KM1 掉电，KM1 主触头和常开辅助触头断开及常闭辅助触头闭合，电动机停止转动；按下反转起动按钮 SB3，反转接触器 KM2 得电并自锁，KM2 主触头闭合，电动机得电反转；按下停止按钮 SB1，反转接触器 KM2 掉电，KM2 主触头和常开辅助触头断开及常闭辅助触头闭合，电动机停止转动。在此过程中，热继电器 FR 动作，电动机无条件停止。

2. 输入与输出点分配

根据以上分析可知：输入信号有 SB1、SB2、SB3、FR，输出信号有 KM1、KM2，可得三相异步电动机正反转 PLC 控制系统的输入/输出（I/O）端口地址分配表，如表 2-2 所示。

表 2-2　三相异步电动机正反转 PLC 控制系统的输入/输出（I/O）端口地址分配表

输入			输出		
设备名称	代号	输入点编号	设备名称	代号	输出点编号
停止按钮	SB1	X0	正转接触器	KM1	Y0
正转起动	SB2	X1	反转接触器	KM2	Y1
反转起动	SB3	X2			
热继电器	FR	X3			

3. PLC 接线示意图

根据 I/O 端口地址分配表可以画出 PLC 的外部接线示意图，如图 2-20 所示。

由于 KM1 和 KM2 在切换得电过程中存在电感的延时作用，可能会出现一个接触器还未断弧，另外一个却已合上的现象，从而造成瞬间短路故障；或者由于某一接触器的主触点被断电时产生的电弧熔焊而粘结，其线圈断电后主触点仍然是接通的，这时如果另一接触器的线圈通电，仍然会造成三相电源短路事故。为了防止短路故障的出现，在 PLC 外部设置了 KM1 和 KM2 的辅助常闭触点组成的硬件互锁电路。

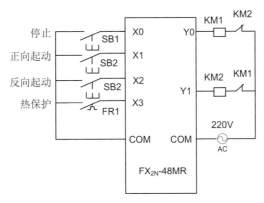

图 2-20　三相异步电动机正反转 PLC 控制接线示意图

4. 梯形图和指令程序设计

根据三相异步电动机正反转 PLC 运行控制的工作原理和动作情况及已学指令可以编写出 PLC 控制系统的梯形图和指令程序。

（1）起保停方式编程

上一个项目我们已经编写了电动机单向连续运行的 PLC 控制程序，称之为起保停方式。正反转控制程序正是两条支路的起保停，如图 2-21 所示。合上电源刀开关通电后，按正转按钮，输出继电器 Y0 导通，交流接触器 KM1 线圈带电，其连接在主控回路的主触点闭合，电机通电转动，同时 Y0 的动合触点闭合，实现自锁。这样，即使松开正转按钮，仍保持 Y0 导通。按停止按钮，X0 常闭触点断开或热继电器 FR 动作，X3 断开都会使 Y0 断开，KM1 线圈失电，主控回路的主触点断开，电机失电而停转。反转控制过程同正转。

0	LD	X001
1	OR	Y000
2	ANI	X000
3	ANI	X003
4	ANI	Y001
5	OUT	Y000
6	LD	X002
7	OR	Y001
8	ANI	X000
9	ANI	X003
10	ANI	Y000
11	OUT	Y001
12	END	

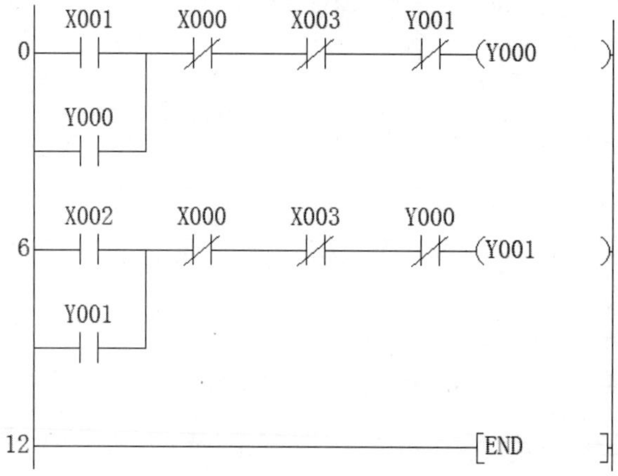

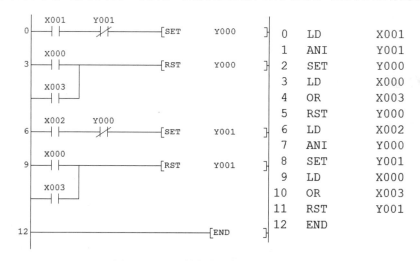

图 2-21　正反转控制的梯形图和指令表

（2）用置位复位指令实现三相异步电动机正反转 PLC 控制，如图 2-22 所示。

0	LD	X001
1	ANI	Y001
2	SET	Y000
3	LD	X000
4	OR	X003
5	RST	Y000
6	LD	X002
7	ANI	Y000
8	SET	Y001
9	LD	X000
10	OR	X003
11	RST	Y001
12	END	

图 2-22　正反转控制的梯形图和指令表

（3）用堆栈指令实现三相异步电动机正反转 PLC 控制，如图 2-23 所示。

（4）用辅助继电器实现三相异步电动机正反转 PLC 控制，如图 2-24 所示。

5. 运行并调试程序

（1）根据如图 2-1 所示的硬件电路图连接三相异步电动机主电路和 PLC 控制电路。

（2）通过专用电缆连接 PC 与 PLC 主机，打开 GX Developer 编程软件，输入连续运行梯形图程序，检查无误并把其下载到 PLC 主机后将主机上的 STOP/RUN 按钮拨到 RUN 位置，运行指示灯点亮，表明程序开始运行，有关的指示灯将显示运行结果。

（3）PLC 模拟调试。按下 SB2 起动按钮，观察输出指示灯 Y0 点亮，按下 SB1 停止按钮，Y0 指示灯熄灭。

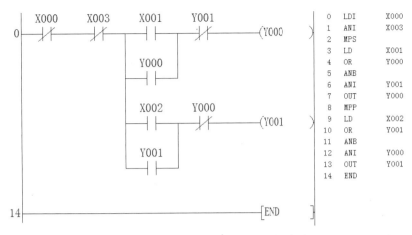

图 2-23　正反转控制的梯形图和指令表

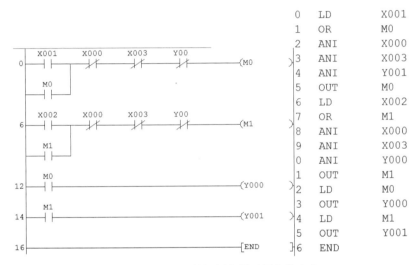

图 2-24　正反转控制的梯形图和指令表

（4）空载调试。接通 PLC 控制电路端电源（交流 220V 或直流 24V），按下 SB2 起动按钮和 SB1 停止按钮，观察接触器触头闭合声音是否正常。

（5）带负载调试。接通三相异步电动机主电路电源，按下 SB2 起动按钮，观察三相异步电动机连续转动，按下 SB1 停止按钮，三相异步电动机停止转动。

（6）断开 PLC 电源，断开主电路电源，整理实训设备。

学习任务单卡 2

班级：_____　学号：_____　姓名：_____　实训日期：_____

课程信息	课程名称	教学单元	本次课训练任务	学时	实训地点
	PLC 应用技术	电动机正反转的 PLC 控制（一）	任务 1 电动机正反转 PLC 控制的编程（一）	2	PLC 实训室
			任务 2 电动机正反转 PLC 控制的实现（一）	2	
任务描述	能用 LD、LDI、OUT、AND、ANI、OR、ORI、END 指令编程，能简单地分配 PLC 的 I/O 口，并实现三相异步电动机正反转 PLC 控制。				

任务 1 电动机正反转 PLC 控制的编程

实训步骤:

1. 表示电路开始的常开触点对应的指令是（　　），表示电路开始的常闭触点对应的指令是（　　），表示驱动线圈的输出指令是（　　）。常开触点串联连接指令是（　　），常闭触点串联连接指令是（　　），常开触点并联连接指令是（　　），常闭触点并联连接指令是（　　）。

A. LD　　　B. OUT　　　C. AND　　　D. ANI　　　E. LDI　　　F. OR　　　G. ORI

2. 用梯形图的经验设计法编写电动机正反转控制的梯形图程序。

【教师现场评价：完成□，未完成□】

任务 2 电动机正反转 PLC 控制的实现

1. 根据图 1 写出 I/O 分配表和外部接线图。

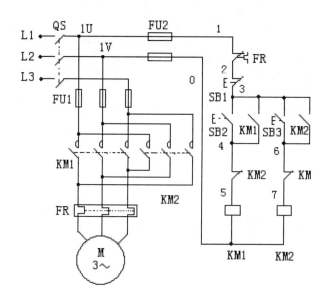

图 1　三相异步电动机正反转起动继电接触器控制原理图

2. 按图 1 接主电路，并按你所画的外部接线示意图接线。

【教师现场评价：完成□，未完成□】

3. 将写好的梯形图程序输入 PLC，调试后实现电动机正反转 PLC 控制。

【教师现场评价：完成□，未完成□】

4. 在下方空白处写出 PLC 控制电机起保停的梯形图程序及指令表。

学做过程记录

学生自我评价　A. 基本掌握　　B. 大部分掌握　　C. 掌握一小部分　　D. 完全没掌握　　　　选项（　　　　）

学生建议

2.5　知识拓展：PLC 软件系统设计的步骤

1. 细化系统任务

分块的目的就是把一个复杂的工程分解成多个比较简单的小任务。这样就把一个复杂的大问题化为多个简单的小问题。这样可便于编制程序。

2. 对复杂的控制系统先编制控制系统的逻辑关系图

从逻辑关系图上可以反映出某一逻辑关系的结果是什么。这个逻辑关系可能是以各个控制活动顺序为基准的，也可能是以整个活动的时间节拍为基准。逻辑关系图反映了控制过程中控制作用与被控对象的活动，也反映了输入与输出的关系。

3. 绘制控制系统的电路图

绘制电路的目的是把系统的输入/输出所涉及的地址和名称联系起来。这是很关键的一步。在绘制 PLC 的输入电路时，不仅要考虑到信号的连接点是否与命名一致，还要考虑到输入端的电压和电流是否合适，也要考虑到在特殊条件下运行的可靠性与稳定条件等问题。特别要考虑到能否把高压引入 PLC 输入端。把高压引入 PLC 输入端，会对 PLC 造成比较大的危害。在绘制 PLC 的输出电路时，不仅要考虑到输出信号的连接点是否与命名一致，还要考虑到 PLC 输出模块的带负载能力和耐电压能力。此外，还要考虑到电源的输出功率和极性问题。在整个电路的绘制中，还要考虑设计的原则，努力提高其稳定性和可靠性。虽然用 PLC 进行控制方便、灵活，但是在电路的设计上仍然需要谨慎、全面。因此，在绘制电路图时要考虑周全，何处该装按钮，何处该装开关，都要一丝不苟。

4. 编制 PLC 程序并进行模拟调试

在绘制完电路图之后，就可以着手编制 PLC 程序了。在编程时，除了要注意程序要正确、可靠之外，还要考虑程序要简洁、省时、便于阅读、便于修改。编好一个程序块要进行模拟实验，这样便于查找问题、便于及时修改，最好不要整个程序完成后再一起调试。

5. 现场调试

现场调试是整个控制系统完成的重要环节。任何程序的设计很难不经过现场调试就能够使用。只有通过现场调试才能发现控制回路和控制程序不能满足系统要求之处，只有通过现场调试才能发现控制电路和控制程序发生矛盾之处，只有进行现场调试才能最后实地测试和最后调整控制电路和控制程序，以适应控制系统的要求。

6. 编写技术文件

经过现场调试以后，控制电路和控制程序基本被确定了。这时就要全面整理技术文件，包括整理电路图、PLC 程序、使用说明及帮助文件等。

2.6　项目拓展：卷闸门升降控制系统的编程与调试（仿真）

FX-TRN-BEG-C 软件界面如图 2-25 所示。

1. 设计要求

（1）按下上升按钮 PB1，卷闸门上升到上限位 X1 处自动停止。

（2）按下下降按钮 PB2，卷闸门下降到下限位 X2 处自动停止。

（3）如有危险情况按下急停按钮 SW1，卷闸门无论在上升还是下降过程均立即停止。

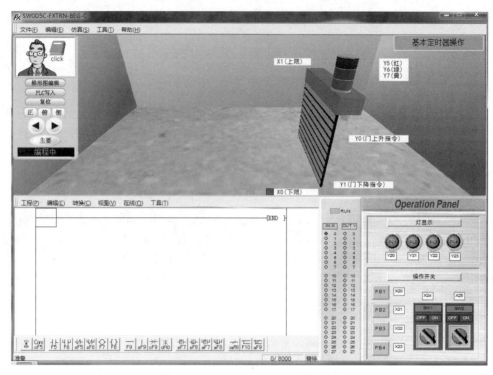

图 2-25　FX-TRN-BEG-C 软件界面

2. 元件分配表（如表 2-3 所示）

表 2-3　元件分配表

输入			输出		
设备名称	操作开关	输入点编号	设备名称	输出点编号	
上升按钮	PB1	X20	上限位开关	Y0	
下降按钮	PB2	X21	下限位开关	Y1	
急停按钮	SW1	X24			

3. 参考程序（如图 2-26 所示）

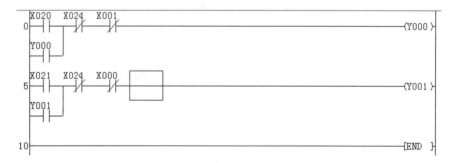

图 2-26　卷闸门升降控制系统的参考程序

项目延伸：

FX-TRN-BEG-C 软件界面如图 2-27 所示。请编程仿真实现如下控制要求：按起动按钮 PB1（X20）机械手抓取箱子到放输送带上，输送带开始工作，把箱子传送到终点后机械手抓取第二只箱子到输送带，如此循环直到按下停止按钮 PB2（X21）后所有设备停止工作。

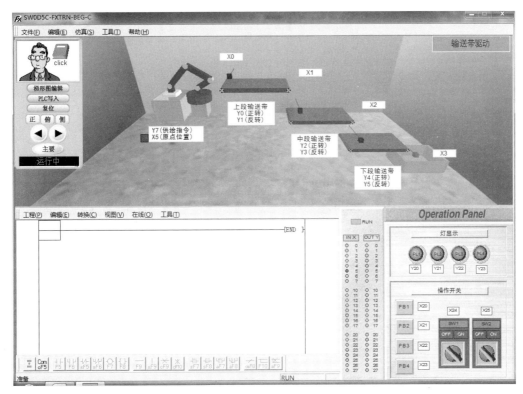

图 2-27　FX-TRN-BEG-C 软件界面

学习任务单卡 3

班级：_____　学号：_____　姓名：_____　实训日期：

课程信息	课程名称	教学单元	本次课训练任务	学时	实训地点
	PLC 应用技术	电动机正反转的 PLC 控制（二）	任务 1 卷闸门升降 PLC 控制的编程（二）	2	PLC 实训室
			任务 2 卷闸门升降 PLC 控制的实现（二）	2	

任务描述	能用 ANB、ORB、堆栈指令（MPS、MRD、MPP）及 SET 和 RST 指令和编程元件（辅助继电器 M）编程，并实现三相异步电动机正反转 PLC 仿真控制。

学做过程记录	任务 1 卷闸门升降 PLC 控制的编程
	实训步骤：
	1. 将指令与其表示的功能对应连接起来。
	ANB　　　　　　　　进栈指令
	ORB　　　　　　　　多触点电路块的并联连接指令
	MPS　　　　　　　　读栈指令
	MRD　　　　　　　　置位指令

	MPP	复位指令
	SET	出栈指令
	RST	多触点电路块的串联连接指令
学做过程记录	2．用堆栈指令编写卷闸门升降控制的 PLC 程序，梯形图程序和指令表写在下方空白处。 用置位及复位指令编写卷闸门升降控制的 PLC 程序，梯形图程序和指令表写在下方空白处。	
	任务 2 卷闸门升降 PLC 控制的实现（仿真）	
	1．打开 FX$_{2N}$ 仿真软件，根据仿真软件输入/输出端子特征及编号选择合适的 X/Y 点。 2．将用堆栈指令编写的 PLC 程序输入 FX$_{2N}$ 仿真软件，卷闸门升降 PLC 仿真控制。 【教师现场评价：完成□，未完成□】 3．将用置位和复位指令编写的 PLC 程序输入 FX$_{2N}$ 仿真软件，实现卷闸门升降 PLC 仿真控制。 【教师现场评价：完成□，未完成□】	
学生自我评价	A．基本掌握　　B．大部分掌握　　C．掌握一小部分　　D．完全没掌握　　　　选项（　　　）	
学生建议		

2.7　思考与练习

1．用 PLC 改造正反转控制线路时应如何保证联锁控制？

2．使用置位和复位指令编程时应注意哪些问题？

3．使用置位、复位指令设计两台电动机手动控制起停控制程序，控制要求为：第一台电动机起动后，第二台才能起动；第二台停止后，第一台才能停止。

4．根据梯形图写出指令表。

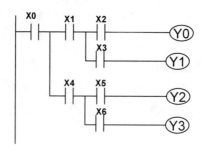

5. 根据梯形图写出指令表。

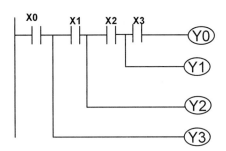

项目三 三相异步电动机顺序起动控制系统的编程与调试

3.1 项目训练目标

1. 能力目标

（1）能利用所学的指令和编程器件实现两台电动机顺序起动逆序停止控制。

（2）能熟练应用延时控制电路并将其应用于传送带控制系统、生产线顺序控制、灯光闪烁控制、喷泉控制系统等。

（3）能熟练分配 I/O 口，画出 PLC 的外部接线图。

2. 知识目标

（1）掌握编程方法。

（2）掌握中间继电器。

（3）掌握编程器件定时器。

3.2 项目训练任务

1. 训练内容和要求

两台三相异步电动机顺序起动控制的继电器接触器控制原理图如图 3-1 所示，电动机起动过程中采用全压起动。现要改用 PLC 来控制两台电机顺序起动逆序停止。试根据控制要求分析 PLC 输入/输出设备，分配 PLC 的 I/O 口并画出外部接线图，利用 PLC 的定时器极其通电延时控制电路编写 PLC 控制程序，实现控制要求。

2. 训练步骤及要求

（1）分析继电器控制系统原理，查找图 3-1 控制电路的输入设备和输出设备，并分配 PLC 的 I/O 点给输入、输出设备，填入表 3-1。

（2）根据分配的 I/O 点和输出驱动负载的情况绘制如图 3-2 所示的 PLC 接线图。输入端的电源利用 PLC 提供的内部直流电源，输出端根据接触器线圈额定工作电压选择合适的电源。

（3）根据三相异步电动机顺序起动控制继电器原理图的主电路和 PLC 外部接线图正确连接好电路。

（4）打开 GX Developer 软件，编写顺序起动逆序停止 PLC 控制梯形图，并下载至 PLC。

（5）PLC 运行开关拨至停止状态，进行 PLC 模拟调试。操作按钮 SB1、SB2、SB3，观察 PLC 的输出指示灯是否按要求指示。若输出有误，检查并修改程序，直至指示正确。

（6）空载调试。PLC 运行开关拨至运行状态，接通 PLC 输出侧电源，操作按钮 SB1、SB2、SB3，观察接触器的吸合情况。按下 SB2，电机 M1 控制接触器线圈得电，主触点吸合，延时 5s 后电机 M2 控制接触器线圈得电，M2 主触点吸合，按下 SB3 停止按钮，电机 M2 控制接触器线圈失电，主触点断开，延时 5s 后，电机 M1 控制接触器线圈失电，主触点断开。若接触器未吸合，请检查 PLC 输出侧电源及输出侧线路是否正确。

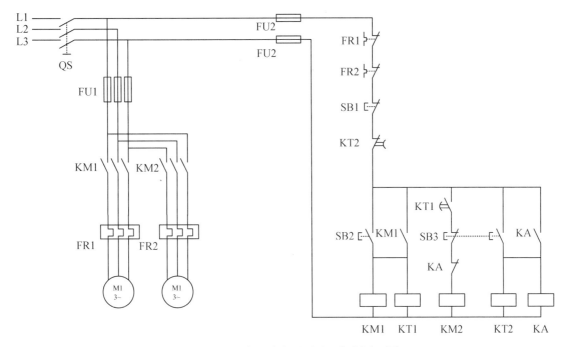

图 3-1　两台电机顺序起动继电器控制原理图

表 3-1　PLC 顺序起动控制系统的 I/O 端口地址分配表

输入			输出		
设备名称	代号	输入点编号	设备名称	代号	输出点编号

（7）带负载调试。接通三相异步电动机主电路电源，操作按钮 SB1、SB2、SB3，观察接触器的吸合情况。按下 SB2，电机 M1 控制接触器线圈得电，主触点吸合，M1 转动，延时 5s 后电机 M2 控制接触器线圈得电，主触点吸合，M2 转动，按下 SB3 停止按钮，电机 M2 控制接触器线圈失电，主触点断开，电机 M2 停止转动，延时 5s 后电机 M1 控制接触器线圈失电，主触点断开，电机 M1 停止转动。若电动机未转动，请检查主电路线路是否正确，电源是否正常供电及是否有缺相。

3．思考与练习

（1）如何实现延时接通控制？

（2）如何实现延时断开控制？

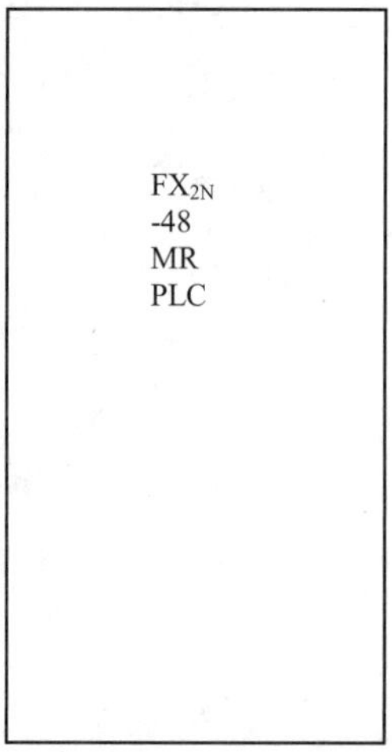

图 3-2　PLC 端子分配（I/O）接线图

3.3　相关知识点

3.3.1　定时器

PLC 中的定时器是 PLC 内部的软元件，其作用相当于继电器系统中的时间继电器，其内部有几百个定时器，定时器是根据时钟脉冲的累积计时的。时钟脉冲有 1ms、10ms、100ms 三种，当所计时间达到设定值时，其输出触点动作。

常数 K 可以作为定时器的设定值，也可以用数据寄存器（D）的内容来设置定时器。当用数据寄存器的内容作设定值时，通常使用失电保持的数据寄存器，这样在断电时不会丢失数据。但应该注意，如果锂电池电压降低，定时器及计算器均可能发生误动作。FX 系列 PLC 的定时器分为通用定时器和积算定时器。其定时器的个数和元件编号如表 3-2 所示。

表 3-2　FX$_{2N}$/FX$_{2NC}$ 系列定时器的编号

种类	100ms 型 0.1～3276.7s	10ms 型 0.01～327.67 s	1ms 累积型 0.001～32.767s	100ms 累积型 0.1～3276.7 s	电位器型 0～255 的数值
编号	T0～T199 200 点	T200～T245 46 点	T246～T249 4 点、执行中断的保持用	T250～T255 6 点、保持用	功能扩展板 8 点

（1）通用定时器。

FX$_{2N}$ 系列 PLC 内部有 100ms 定时器 200 点（T0～T199），其中 T192～T199 为子程序和中断服务程序专用定时器。这类定时器是对 100ms 时钟累积计数，T 为 16 位元件，设定值为 1～32767，所以其定时范围为 0.1～3276.7s。

10ms 定时器 46 点（T200～T245），这类定时器是对 10ms 时钟累积计数，设定值为 1～32767，所以其定时范围为 0.01～327.67s。

通用定时器的特点是不具备断电保持功能，即当输入电路断开或停电时定时器复位，如图 3-3 所示，如果定时器线圈 T200 的驱动输入 X0 为 ON，T200 从 0 开始对 10ms 时钟脉冲进行累积计数，当 T200 当前值与设定值 K123 相等时，经过的时间为 $123×0.01=1.23s$，定时器 T200 的常开触点接通，Y0 接通。若驱动输入 X0 断开或停电，则定时器复位，当前值变为 0，其常开触点断开，Y0 也随之断开。

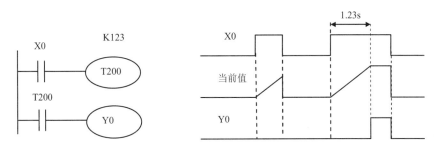

图 3-3　10ms 定时器

通用定时器没有保持功能，相当于通电延时继电器。延时控制就是利用 PLC 的定时器和其他元器件构成各种时间控制，这是各类控制系统经常用到的功能。在 FX_{2N} 系列 PLC 中定时器是通电延时型，定时器的输入信号接通后，定时器的当前值计数器开始对其相应的时钟脉冲进行累积计数，当该值与设定值相等时，定时器输出，其常开触点闭合，常闭触点断开。下面列举几种延时控制方法。

1）通电延时接通控制。

图 3-4 所示为通电延时接通控制程序，当输入信号 X001 接通时，内部辅助继电器 M100 接通并自锁，同时接通定时器 T100，T100 的当前值计数器开始对 100ms 的时钟脉冲进行累积计数。当该计数器累积到设定值 50 时（从 X001 接通到此刻延时 5s），定时器 T100 的常开触点闭合，输出继电器 Y001 接通。当输入信号 X002 接通时，内部辅助继电器 M100 断电，其常开触点断开，定时器 T100 复位，定时器 T100 的常开触点断开，输出继电器 Y001 断电。

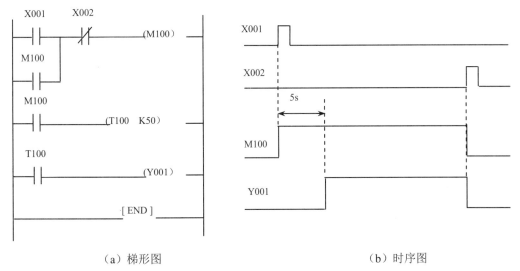

（a）梯形图　　　　　　　　　　　　　（b）时序图

图 3-4　通电延时接通控制程序

2）通电延时断开控制。

图 3-5 所示为通电延时断开控制程序，当输入信号 X1 接通时，输出继电器 Y0 接通并实现自锁，同时接通定时器 T5，T5 的当前值计数器开始对 100ms 的时钟脉冲进行累积计数。当该计数器累积到设定值 200 时（从 X001 接通到此刻延时 20s），定时器 T5 的常闭触点断开，输出继电器 Y0 断电。任意时刻接通输入信号 X1，定时器 T5 被复位，当前值变为 0。

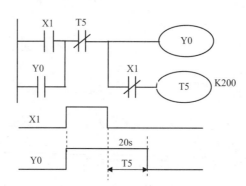

图 3-5   通电延时断开控制程序

3）断电延时断开控制。

在继电器接触器控制方式中经常用到断电延时，而 PLC 中的定时器只有通电延时功能，可以利用软件的编制实现断电延时，如图 3-6 所示。

当输入信号 X001 接通时，输出继电器 Y001 和内部辅助继电器 M100 同时接通并均实现自锁。当输入信号 X002 接通时，内部辅助继电器 M100 断电，其常闭触点闭合（此时输出继电器 Y001 保持通电），定时器 T1 接通，T1 的当前值计数器开始对 100ms 的时钟脉冲进行累积计数。当该计数器累积到设定值 50 时（从 X002 接通到此刻延时 5s），定时器 T1 的常闭触点断开，输出继电器 Y001 断电，Y001 的常开触点断开，定时器 T1 也被复位。这样就实现了在按下停止按钮 X002 后输出继电器 Y001 延时 5s 断开的功能。

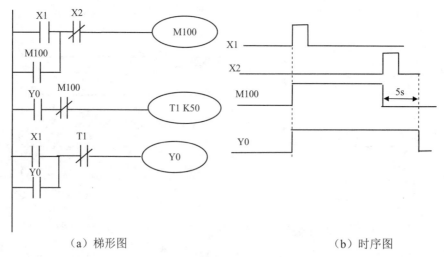

（a）梯形图   （b）时序图

图 3-6   断电延时断开控制程序

4）断电延时接通控制。

断电延时接通电路在控制系统中的应用也很多，图 3-7 所示为利用软件来实现断电延时接通功能的程序。

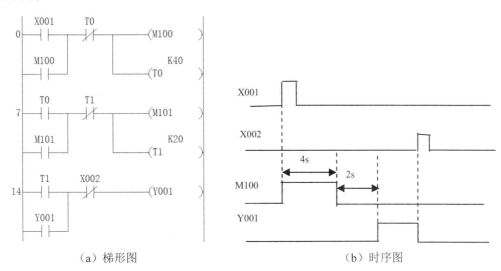

（a）梯形图　　　　　　　　　　　（b）时序图

图 3-7　断电延时接通控制程序

当输入信号 X001 接通时，定时器 T0 和内部继电器 M100 同时接通并由 M100 实现自锁，T0 的当前值计数器开始对 100ms 的时钟脉冲进行累积计数。当该计数器累积到设定值 40 时（从 X001 接通到此刻延时 4s），定时器 T0 的常开触点闭合，定时器 T1 和内部继电器 M101 实现自锁。同时 T0 的常开触点断开，内部辅助继电器 M100 断开，定时器 T0 被复位。当 T1 延时到设定值 2s 时，T1 的常开触点闭合，输出继电器 Y001 接通并实现自锁；T1 的常闭触点断开，M101 断开，T1 被复位。当输入信号 X002 接通时，输出继电器 Y001 断开。

5）通电延时接通断电延时断开控制。

图 3-8 所示为通电延时接通断电延时断开控制程序，当输入信号 X0 接通时，定时器 T0 接通开始延时，9s 后定时器 T0 的常开触点闭合，输出继电器 Y001 得电并自锁；单输入信号 X0 断开时，定时器 T0 复位，定时器 T1 接通开始延时，7s 后定时器 T1 的常闭触点断开，输出继电器 Y1 断开。

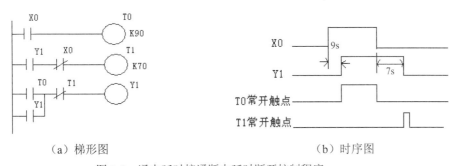

（a）梯形图　　　　　　　　　　　（b）时序图

图 3-8　通电延时接通断电延时断开控制程序

6）长时间延时控制。

FX$_{2N}$ 系列 PLC 定时器的最长定时时间为 3276.7s，如果需要更长的定时时间，可以采用多个定时器的组合、计数器或者定时器与计数器的组合来获得较长的延时时间，这里只介绍多个定时器的组合实现更长的定时时间，如图 3-9 所示。

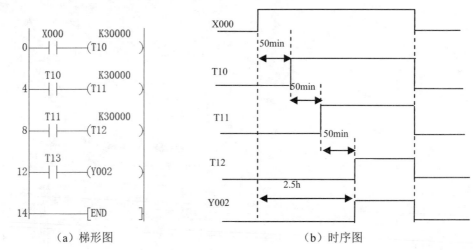

（a）梯形图　　　　　　　　　　（b）时序图

图 3-9　长时间延时控制程序

当 X000 接通，T10 线圈得电并开始延时（3000s），延时到 T10 常开触点闭合，又使 T11 线圈得电，并开始延时（3000s），当定时器 T11 延时时间到时，其常开触点闭合，再使 T12 线圈得电，并开始延时（3000s），当定时器 T12 延时时间到时，其常开触点闭合，才使 Y002 接通。因此，从 X000 接通到 Y002 接通共延时 2.5h。

（2）积算定时器。

FX$_{2N}$ 系列 PLC 内部有 1ms 积算定时器 4 点（T246～T249），时间设定值为 0.001～32.767s；100ms 定时器 6 点（T250～T255），时间设定值为 0.1～3276.7s。

如图 3-10 所示，X1 的动合触点接通时，则 T250 用当前值计数器将累积 100ms 的时钟脉冲。如果该值达到设定值 K345 时，定时器的输出触点动作。在计算过程中，即使输入 X1 断开或停电时，当前值保持不变，再起动时，继续计算，其累积计算动作时间为 34.5s。如果复位输入触点 X2 接通，定时器复位，输出触点复位。

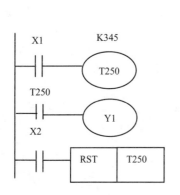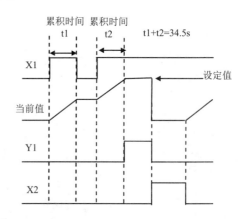

图 3-10　积算定时器

（3）使用定时器注意事项。

在子程序与中断程序内请采用 T192-T199 定时器。这种定时器既可在执行线圈指令时计时也可在执行 END 指令时计时，当定时器的当前值达到设定值时，其输出触点在执行线圈指令或 END 指令时动作。

普通的定时器只是在执行线圈指令时计时，因此当它被用于执行中的子程序与中断程序时不计时，不能正常工作。

如果在子程序或中断程序内采用 1ms 积算定时器时，在它的当前值达到设定值后，其触点在执行该定时器的第一条线圈指令时动作。

3.3.2　梯形图程序设计方法

梯形图程序设计的常用方法：转换法就是将继电器电路图转换成与原有功能相同的 PLC 内部的梯形图。这种等效转换是一种简便快捷的编程方法：其一，原继电控制系统经过长期使用和考验，已经被证明能完成系统要求的控制功能；其二，继电器电路图与 PLC 的梯形图在表示方法和分析方法上有很多相似之处，因此根据继电器电路图来设计梯形图简便快捷；其三，这种设计方法一般不需要改动控制面板，保持了原有系统的外部特性，操作人员不用改变长期形成的操作习惯。

1. 基本方法。

根据继电器电路图来设计 PLC 的梯形图时，关键是要抓住它们的一一对应关系，即控制功能的对应、逻辑功能的对应以及继电器硬件元件和 PLC 软件元件的对应。

2. 转换设计的步骤

（1）了解并熟悉被控设备的工艺过程和机械动作情况，根据继电器电路图分析和掌握控制系统的工作原理。

（2）确定 PLC 的输入信号和输出信号，画出 PLC 的外部接线图。

（3）确定 PLC 梯形图中的辅助继电器（M）和定时器（T）的元件号。

（4）根据上述对应关系画出 PLC 的梯形图并进一步优化使梯形图既符合控制要求又具有合理性、条理性和可靠性。

3. 转换法的应用

图 3-11 所示是两台电动机顺序起动逆序停止控制的继电器电路图，将其转化为功能相同的 PLC 的外部接线图和梯形图。

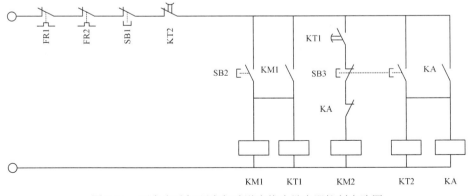

图 3-11　两台电动机顺序起动逆序停止继电器控制电路图

（1）分析动作原理。

按 SB1，KM1 得电并自锁，电动机 M1 转动，同时时间继电器 KT1 线圈得电，经 5s 延时后 KM2 得电并自锁，电动机 M2 转动；按 SB3，KM2 失电，电机 M2 停止转动，同时中间继电器 KA 得电并自锁，时间继电器 KT2 线圈得电，经 10s 延时后 KM1 线圈失电，电机 M1 停止转动；按 SB2，KM1、KM2 失电，两台电动机停止。

（2）确定输入/输出信号。

根据上述分析，输入信号有 SB1、SB2、SB3、FR1、FR2，输出信号有 KM1、KM2，并且可设对应关系如表 3-3 所示。

（3）画出 PLC 的外部接线图和对应的梯形图，分别如图 3-13 和图 3-14 所示。

3.4   项目任务实施

1. 工作原理分析

在图 3-1 中，其起动过程为：按下起动按钮 SB2，主接触器 KM1 线圈得电并自锁，同时时间继电器 KT1 线圈得电，第一台电动机起动；当 KT 的 5s 延时到达时，KT 的延时闭合触点闭合，KM2 线圈得电，第二台电动机起动。停止过程为：按下起动按钮 SB3，主接触器 KM2 线圈断电，同时时间继电器 KT2 线圈得电，第二台电动机停止；当 KT2 的 5s 延时到达时，KT 的断开触点断开，KM1 线圈失电，第一台电动机停止。任何时候按下 SB1 或任一电机过载，FR1、FR2 动作，两台电机同时停止。其工作时序图如图 3-12 所示。

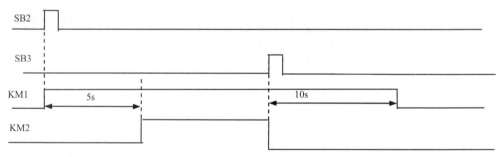

图 3-12   控制时序图

2. 输入与输出点分配

根据以上分析可知，输入信号有 SB1、SB2、SB3、FR1、FR2，输出信号有 KM1、KM2，时间继电器采用 PLC 内部软继电器（定时器）以简化硬件电路，从而可得三相异步电动机顺序起动逆序停止 PLC 控制系统的输入/输出（I/O）端口地址分配表，如表 3-3 所示。

表 3-3   三相异步电动机顺序起动逆序停止 PLC 控制系统的输入/输出（I/O）端口地址分配表

输入			输出		
设备名称	代号	输入点编号	设备名称	代号	输出点编号
紧急停止按钮	SB1	X0	电机 M1 接触器	KM1	Y0
起动按钮	SB2	X1	电机 M2 接触器	KM2	Y1
停止按钮	SB3	X2			

输入			输出		
设备名称	代号	输入点编号	设备名称	代号	输出点编号
热继电器	FR1	X3			
热继电器	FR2	X4			

3. PLC 接线示意图

根据 I/O 端口地址分配表及接触器线圈的工作电压（24V 交流）可以画出 PLC 的外部接线示意图，如图 3-13 所示。

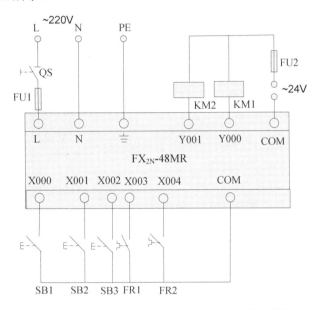

图 3-13 三相异步电动机顺序起动逆序停止 PLC 控制接线示意图

4. 梯形图和指令程序设计

（1）转换法。

将图 3-11 所示继电器控制电路常开按钮对应 PLC 输入继电器常开触点，继电器控制电路常闭按钮对应 PLC 输入继电器常闭触点，继电器控制电路接触器线圈对应 PLC 输出继电器线圈，继电器控制电路中的时间继电器和中间继电器用 PLC 软定时器 T 和中间继电器 M 代换，得到的梯形图和指令表程序如图 3-14 所示。

（2）使用基本指令编程。

根据表 3-3 及图 3-12 所示的控制时序图可知，当起动按钮 SB2 被按下时，输入继电器 X001 接通，输出继电器 Y000 接通，交流接触器 KM1 线圈得电并自保，这时第一台电动机 M1 运行，5s 之后输出继电器 Y001 接通，交流接触器 KM2 线圈得电并自保，第二台电动机 M2 运行；当按下停止按钮 SB3 时，输入继电器 X002 接通，输出继电器 Y001 断开，第二台电动机 M2 停止运行，10s 之后输出继电器 Y000 断开，电动机 M1 停止运行。任意时刻按下紧急停止按钮 SB1 或任一热继电器 FR 动作，两台电动机立即停止运行。梯形图和指令表如图 3-15 所示。

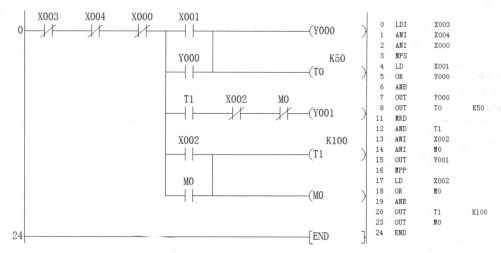

图 3-14　两台电机顺序起动逆序停止的梯形图和指令表

5. 运行并调试程序

具体步骤参见项目训练 2 任务。

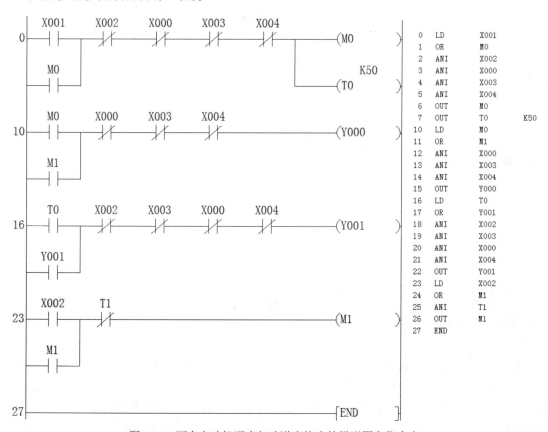

图 3-15　两台电动机顺序起动逆序停止的梯形图和指令表

学习任务单卡 4

班级：_____　学号：_____　姓名：_____　实训日期：

课程信息	课程名称	教学单元	本次课训练任务	学时	实训地点
	PLC 应用技术	电动机顺序起动的 PLC 控制	任务 1 电动机顺序起动 PLC 控制的编程	2	PLC 实训室
			任务 2 电动机顺序起动 PLC 控制的实现	2	

任务描述	能运用编程元件（定时器 T）编程，能较熟练分配 I/O 端口，画出其外部接线图，并实现三相异步电动机顺序起动 PLC 控制。

学做过程记录	**任务 1 电动机顺序起动 PLC 控制的编程** 实训步骤： 1. 定时器 T 相当于继电器系统中的_____，有一个_____寄存器字，一个_____寄存器字，和一个用来存储其输出触点状态的_____寄存器位，这三个存储单元使用_____元件号。 A. 当前值　　B. 设定值　　C. 数字　　D. 映像　　E. 不一样　　F. 同一个 2. 计数器 C 用来对 PLC 的内部映像寄存器_____（多选）提供的信号计数。 A. 输入继电器 X　　B. 输出继电器 Y　　C. 辅助继电器 M　　D. 状态 S　　E. 定时器 T **任务 2 电动机顺序起动 PLC 控制的实现** 1. 根据图 1 画出 I/O 分配表和外部接线图。 图 1　两台电动机顺序起动继电器控制原理图

学做过程记录	2. 按图 1 接主电路，并按你所画的外部接线示意图连接 PLC 及输入/输出点。 【教师现场评价：完成□，未完成□】 3. 编写电动机顺序起动程序，写入 PLC，调试实现电动机顺序起动 PLC 控制。 【教师现场评价：完成□，未完成□】 4. 将完成的电动机顺序起动程序写在下方空白处。
学生自我评价	A. 基本掌握 B.大部分掌握 C. 掌握一小部分 D. 完全没掌握 选项（ ）
学生建议	

3.5 知识拓展：PLC 应用时应注意的问题

PLC 是专门为工业生产服务的控制装置，通常不需要采取什么措施就可以直接在工业环境中使用。但是，当生产环境过于恶劣、电磁干扰特别强烈或安装使用不当时，都不能保证 PLC 的正常运行，因此在使用中应注意下面几个问题。

1. 工作环境

（1）温度。

PLC 要求环境温度在 0℃～55℃，安装时不能放在发热量大的元件下面，四周通风散热的空间应足够大，基本单元和扩展单元之间要有 30mm 以上间隔；开关柜上、下部应有通风的百叶窗，防止太阳光直接照射；如果周围环境超过 55℃，要安装电风扇强迫通风。

（2）湿度。

为了保证 PLC 的绝缘性能，空气的相对湿度应小于 85%（无凝露）。

（3）震动。

应使 PLC 远离强烈的震动源，防止振动频率为 10～55Hz 的频繁或连续振动。当使用环境不可避免震动时，必须采取减震措施，如采用减震胶等。

（4）空气。

避免有腐蚀和易燃的气体，如氯化氢、硫化氢等。对于空气中有较多粉尘或腐蚀性气体的环境，可将 PLC 安装在封闭性较好的控制室或控制柜中，并安装空气净化装置。

（5）电源。

PLC 供电电源为 50Hz、220（1±10%）V 的交流电，对于电源线的干扰，PLC 本身具有足够的抵制能力。对于可靠性要求很高的场合或电源干扰特别严重的环境，可以安装一台带屏蔽层的变比为 1:1 的隔离变压器，以减少设备与地之间的干扰，还可以在电源输入端串接 LC 滤波电路。

  FX 系列 PLC 有直流 24V 输出接线端，该接线端可为输入传感器（如光电开关或接近开关）提供直流 24V 电源。当输入端使用外接直流电源时，应选用直流稳压电源。因为普通的整流滤波电源，由于纹波的影响，容易使 PLC 接收到错误信息。

  2. 安装与布线

  （1）动力线、控制线以及 PLC 的电源线和 I/O 线应分别配线，隔离变压器与 PLC 和 I/O 之间应采用双绞线连接。

  （2）PLC 应远离强干扰源如电焊机、大功率硅整流装置和大型动力设备，不能与高压电器安装在同一个开关柜内。

  （3）PLC 的输入与输出最好分开走线，开关量与模拟量也要分开敷设。模拟量信号的传送应采用屏蔽线，屏蔽层应一端或两端接地，接地电阻应小于屏蔽层电阻的 1/10。

  （4）PLC 基本单元与扩展单元以及功能模块的连接线缆应单独敷设，以防止外界信号的干扰。

  （5）交流输出线和直流输出线不要用同一根电缆，输出线应尽量远离高压线和动力线，避免并行。

  3. I/O 端的接线

  （1）输入接线。

  1）输入接线一般不要超过 30m。但如果环境干扰较小、电压降不大时，输入接线可适当长些。

  2）输入/输出线不能用同一根电缆，输入/输出线要分开。

  3）尽可能采用常开触点形式连接到输入端，使编制的梯形图与继电器原理图一致，便于阅读。

  （2）输出连接。

  1）输出端接线分为独立输出和公共输出。在不同组中，可采用不同类型和电压等级的输出电压。但在同一组中的输出只能用同一类型、同一电压等级的电源。

  2）由于 PLC 的输出元件被封装在印制电路板上，并且连接至端子板，若将连接输出元件的负载短路，将烧毁印制电路板，因此应用熔丝保护输出元件。

  3）采用继电器输出时，所承受的电感性负载的大小会影响到继电器的使用寿命，因此，使用电感性负载时选择继电器工作寿命要长。

  4）PLC 的输出负载可能产生干扰，因此要采取措施加以控制，如直流输出的续流管保护、交流输出的阻容吸收电路、晶体管及双向晶闸管输出的旁路电阻保护。

  4. 外部安全电路

  为了确保整个系统能在安全状态下可靠工作，避免由于外部电源发生故障、PLC 出现异常、误操作以及误输出造成的重大经济损失和人身伤亡事故，PLC 外部应安装必要的保护电路。

  （1）急停电路。对于能对用户造成伤害的危险负载，除了在控制程序中加以考虑之外，还应设计外部紧急停车电路，使得 PLC 发生故障时能将引起伤害的负载电源可靠切断。

  （2）保护电路。正反向运转等可逆操作的控制系统，要设置外部电器互锁保护；往复运行及升降移动的控制系统，要设置外部限位保护电路。

  （3）可编程控制器有监视定时器等自检功能，检查出异常时，输出全部关闭。但当可编程控制器 CPU 故障时就不能控制输出，因此对于能对用户造成伤害的危险负载，为确保设备在安全状态下运行，需要设计外电路加以防护。

（4）电源过负荷的防护。如果 PLC 电源发生故障，中断时间少于 10s，PLC 工作不受影响，若电源中断超过 10s 或电源下降超过允许值，则 PLC 停止工作，所有的输出点均同时断开；当电源恢复时，若 RUN 输入接通，则操作自动进行。因此，对一些易过负荷的输入设备应设置必要的限流保护电路。

（5）重大故障的报警及防护。对于易发生重大事故的场所，为了确保控制系统在重大事故发生时仍可靠地报警及防护，应将与重大故障有联系的信号通过外电路输出，以使控制系统在安全状况下运行。

5. PLC 的接地

良好的接地是保证 PLC 可靠工作的重要条件，可以避免偶然发生的电压冲击危害。PLC 的接地线与机器的接地端相接，接地线的截面积应不小于 $2mm^2$，接地电阻小于 100Ω。如果要用扩展单元，其接地点应与基本单元的接地点接在一起。为了抑制加在电源及输入端、输出端的干扰，应给 PLC 接上专用地线，接地点应与动力设备（如电动机）的接地点分开。若达不到这种要求，也必须做到与其他设备公共接地，禁止与其他设备串联接地。接地点应尽可能靠近 PLC。

6. 冗余系统与热备用系统

在石油、化工、冶金等行业的某些系统中，要求控制装置有极高的可靠性。如果控制系统发生故障，将会造成停产、原料大量浪费或设备损坏，给企业造成极大的经济损失。但是仅靠提高控制系统硬件的可靠性来满足上述要求是远远不够的，因为 PLC 本身可靠性的提高是有一定限度的。使用冗余系统或热备用系统就能够比较有效地解决上述问题。

（1）冗余控制系统。

在冗余控制系统中，整个 PLC 控制系统（或系统中最重要的部分，如 CPU 模块）由两套完全相同的系统组成。两块 CPU 模块使用相同的用户程序并行工作，其中一块是主 CPU，另一块是备用 CPU。主 CPU 工作，而备用 CPU 的输出是被禁止的，当主 CPU 发生故障时，备用 CPU 自动投入运行。这一切换过程是由冗余处理单元 RPU 控制的，切换时间在 1～3 个扫描周期，I/O 系统的切换也是由 RPU 完成的。

（2）热备用系统。

在热备用系统中，两台 CPU 用通讯接口连接在一起，均处于通电状态。当系统出现故障时，由主 CPU 通知备用 CPU，使备用 CPU 投入运行。这一切换过程一般不太快，但它的结构比冗余系统简单。

3.6 项目拓展：简易转换灯的编程与调试

FX-TRN-BEG-C 软件界面，如图 3-16 所示。

1. 简易转换灯设计要求

按起动按钮 PB1（X20）红灯 Y0 亮，5s 后红灯 Y0 灭绿灯 Y1 亮，6s 后绿灯 Y1 灭红灯 Y0 亮，如此循环直到按下停止按钮 PB2（X21）后所有灯都灭。

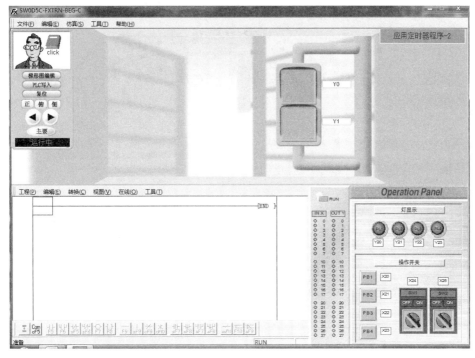

图 3-16　FX-TRN-BEG-C 软件界面

2. 元件分配表（如表 3-4 所示）

表 3-4　元件分配表

输入			输出		
设备名称	操作开关	输入点编号	设备名称	输出点编号	
起动按钮	PB1	X20	红灯	Y0	
停止按钮	PB2	X21	绿灯	Y1	

3. 参考程序（如图 3-17 所示）

图 3-17　参考程序

3.7　思考与练习

1. 图 3-18 所示的梯形图同样能满足两台电动机顺序起动逆序停止的控制要求，试比较与图 3-17 的编程思想的不同之处。若删除图 3-18 中的 T0 的常闭触点，试上机调试并分析出现的结果。

2. 试上机调试如图 3-19 所示的梯形图，看是否能满足两台电动机顺序起动逆序停止的控制要求。

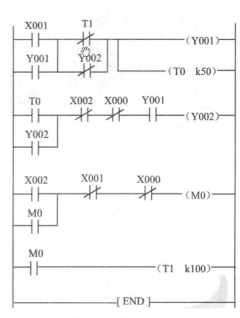

图 3-18　思考与练习　　　　　　　　　图 3-19　思考与练习

3. 如图 3-20 所示为两条电动机顺序起动逆序停止的控制电路图。其特点是：在电动机 M2 的控制电路中串接了接触器 KM1 的常开辅助触点，这就保证了只要电动机 M1 不起动，KM1 常开触点不会闭合，KM2 线圈就不能得电，电动机 M2 就不能起动；在电动机 M1 的控制电路的 SB12 的两端并联了接触器 KM2 的常开辅助触点，从而实现了电动机 M2 停止后，电动机 M1 才能停止的控制要求，即顺序起动逆序停止。

试用 PLC 来实现图 3-20 所示的两台电动机顺序起动逆序停止的控制电路，其控制时序图如图 3-21 所示。

4. 如图 3-22 所示的电路，为了限制绕线转子异步电动机的起动电流，在转子电路中串入电阻。起动时接触器 KM1 合上，串入整个电阻 $R1$。起动 2s 后 KM4 接通，切断转子回路的一段电阻，剩下 $R2$。经过 1s，KM3 接通，电阻改为 $R3$。再经过 0.5s，KM2 也合上，转子外接电阻全部切除，起动完毕。在电动机运行过程中按下停止按钮，电动机停止。试用 PLC 进行控制。

5. 试用 PLC 控制发射型天塔。发射型天塔有 HL1～HL9 九个指示灯，其要求起动后，HL1 亮 2s 后熄灭，接着 HL2、HL3、HL4、HL5 亮 2s 后熄灭，接着 HL6、HL7、HL8、HL9 亮 2s 后熄灭，接着 HL1 亮 2s 后熄灭，如此循环下去，并可以实现一个按钮关断。

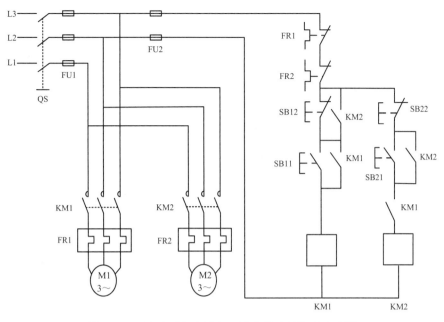

图 3-20 两台电动机顺序起动逆序停止的控制电路图

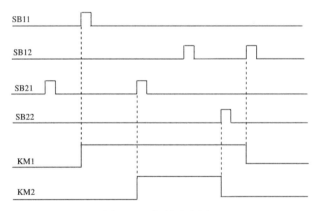

图 3-21 控制时序图

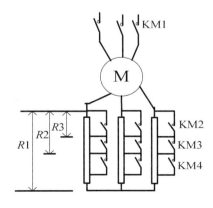

图 3-22 电动机起动控制电路

6. 如图 3-23 所示是三条传动带运输机的示意图。

（1）按下起动按钮，1 号传送带运行 2s 后，2 号传送带运行，2 号传送带再运行 2s 后 3 号传送带再开始运行，即顺序起动，以防止货物在皮带上堆积。

（2）按下停止按钮，3 号传送带先停止，2s 后 2 号传送带停止，再过 2s 后 1 号传送带停止，即逆序停止，以保证停车后皮带上不残存货物。

试列出 I/O 分配表，编写梯形图。

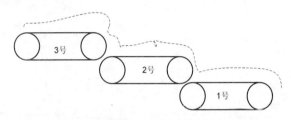

图 3-23   三条传送带运输机工作示意图

7. 试设计一个振荡电路（闪烁电路），要求为：X000 外接的 SB 是带自锁的按钮，如果 Y000 外接指示灯 HL，HL 就会产生亮 3s 灭 2s 的闪烁效果。试编写梯形图并画出时序图。

项目四　三相异步电动机星三角降压起动 PLC 控制的编程与实现

4.1　项目训练目标

1．能力目标

（1）能利用主控指令编写有公共串联触点的梯形图。

（2）能熟练应用主控指令编写 Y-△ 起动的可逆运行电路、电动机制动控制电路、十字路口交通灯控制等程序。

2．知识目标

（1）掌握主控指令。

（2）了解堆栈指令与主控指令的异同点。

4.2　项目训练任务

1．训练内容和要求

三相异步电动机 Y-△ 降压起动的继电器接触器控制原理图如图 4-1 所示，KM1 为电源接触器，KM2 为△联结接触器，KM3 为 Y 联结接触器，KT 为起动时间继电器。现对其进行 PLC 改造，可以利用 PLC 基本指令中的主控触点指令实现上述控制要求。

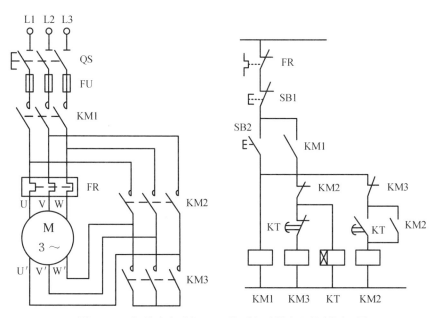

图 4-1　三相异步电动机 Y-△降压起动继电器控制原理图

2．训练步骤及要求

（1）分析继电器控制系统原理，查找图 4-1 所示控制电路的输入设备和输出设备，并分配 PLC 的 I/O 点给输入/输出设备，填入表 4-1。

表 4-1　三相异步电动机降压起动 PLC 控制系统的 I/O 端口地址分配表

输入			输出		
设备名称	代号	输入点编号	设备名称	代号	输出点编号

（2）根据分配的 I/O 点和输出驱动负载的情况绘制图 4-2 的所示 PLC 接线图。输入端的电源利用 PLC 提供的内部直流电源，输出端根据接触器线圈额定工作电压选择合适的电源。

FX$_{2N}$
-48
MR
PLC

图 4-2　PLC 端子分配（I/O）接线图

（3）根据三相异步电动机 Y-△降压起动继电器原理图的主电路和 PLC 外部接线图正确连接好电路。

（4）打开 GX Developer 软件，编写三相异步电动机 Y-△降压起动 PLC 控制梯形图并下载至 PLC。

（5）PLC 运行开关拨至停止状态，进行 PLC 模拟调试。操作按钮 SB1、SB2、SB3，观察 PLC 的输出指示灯是否按要求指示。若输出有误，检查并修改程序，直至指示正确。

（6）空载调试。PLC 运行开关拨至运行状态，接通 PLC 输出侧电源，操作按钮 SB1、SB2，观察接触器的吸合情况。按下 SB2，KM1 电源接触器、KM3 Y 联结接触器线圈同时得电，延时 5s 后 KM3 Y 联结接触器断电，KM2 △联结接触器线圈得电，按下 SB1 停止按钮，KM1、KM2、KM3 接触器线圈失电。若接触器未吸合，请检查 PLC 输出侧电源及输出侧线路是否正确。

（7）带负载调试。接通三相异步电动机主电路电源，操作按钮 SB1、SB2，观察接触器的主触点吸合及电动机运行情况，按下 SB2，KM1 电源接触器、KM3 Y 联结接触器主触点吸合，电机 Y 形起动，延时 5s 后 KM2 △联结接触器得电，KM3 Y 联结接触器断电，电机从 Y 起动变为△减压起动，按下 SB1 停止按钮，三相异步电动机停止转动。若电动机未转动，请检查主电路线路是否正确，电源是否正常供电以及是否有缺相。

3．思考与练习

（1）什么是主控触点指令？

（2）如何实现 PLC 控制 Y-△降压起动？

4.3　相关知识点

4.3.1　主控指令

指令格式及梯形图表示方法如表 4-2 所示。

1．指令功能

（1）MC（主控指令）：用于公共串联触点的连接。执行 MC 后，左母线移到 MC 触点的后面。其操作元件是 Y、M。

表 4-2　主控指令的格式及梯形图

助记符	功能	LAD 图示	操作元件	程序步
MC	主控电路块起点	⊢⊢ MC N Y,M	Y 和 M	3
MCR	主控电路块终点	⊢⊢ MCR N	Y 和 M	2

（2）MCR（主控复位指令）：是 MC 指令的复位指令，即利用 MCR 指令恢复原左母线的位置。

2．编程实例

在编程时常会出现这样的情况，多个线圈同时受一个或一组触点控制，如果在每个线圈的控制电路中都串入同样的触点，将占用很多存储单元，如图 4-3 所示。

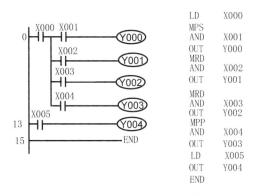

图 4-3　多个线圈受一个触点控制的普通方法编程

　　使用主控指令就可以解决这一问题。使用主控指令的触点称为主控触点，它在梯形图中一般垂直使用，主控触点是控制某一段程序的总开关。对图 4-3 中的控制程序采用主控指令编程时的梯形图和指令表如图 4-4 所示。常开触点 X001 接通时，执行 MC N0 M0 指令，实现左母线右移，使 Y1、Y2、Y3、Y4 都在 X1 的控制之下，其中 N0 表示嵌套等级，在无嵌套结构中 N0 的使用次数无限制；利用 MCR N0 恢复到原左母线状态。如果 X0 断开则会跳过 MC、MCR 之间的指令向下执行 X6 控制的程序。

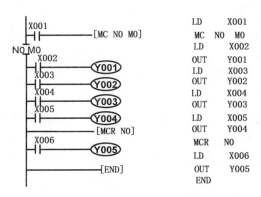

图 4-4　MC、MCR 指令编程

MC、MCR 指令的使用说明如下：

- MC、MCR 指令的目标元件为 Y 和 M，但不能用特殊辅助继电器。MC 占 3 个程序步，MCR 占 2 个程序步。
- 主控触点在梯形图中与一般触点垂直。主控触点是与左母线相连的常开触点，是控制一组电路的总开关。与主控触点相连的触点必须用 LD 或 LDI 指令。
- MC 指令的输入触点断开时，在 MC 和 MCR 之内的积算定时器、计数器、用复位/置位指令驱动的元件保持其之前的状态不变。非积算定时器和计数器，用 OUT 指令驱动的元件将复位，当 X0 断开时，Y0 和 Y1 即变为 OFF。
- 在一个 MC 指令区内若再使用 MC 指令则称为嵌套。嵌套级数最多为 8 级，编号按 N0→N1→N2→N3→N4→N5→N6→N7 顺序增大，每级的返回用对应的 MCR 指令，从编号大的嵌套级开始复位。

4.3.2　计数器 C

FX$_{2N}$ 系列计数器分为内部计数器和高速计数器两类。

1. 内部计数器

　　内部计数器是在执行扫描操作时对内部信号（如 X、Y、M、S、T 等）进行计数。内部输入信号的接通和断开时间应比 PLC 的扫描周期稍长。

　　（1）16 位增计数器（C0～C199）：共 200 点，其中 C0～C99 为通用型，C100～C199 共100 点为断电保持型（断电保持型即断电后能保持当前值待通电后继续计数）。这类计数器为递加计数，应用前先对其设置一设定值，当输入信号（上升沿）个数累加到设定值时，计数器动作，其常开触点闭合，常闭触点断开。计数器的设定值为 1～32767（16 位二进制），设定值除了用常数 K 设定外，还可间接通过指定数据寄存器设定。

下面举例说明通用型 16 位增计数器的工作原理。如图 4-5 所示，X10 为复位信号，当 X10 为 ON 时 C0 复位。X11 是计数输入，每当 X11 接通一次计数器当前值增加 1（注意 X10 断开，计数器不会复位）。当计数器计数当前值为设定值 10 时，计数器 C0 的输出触点动作，Y0 被接通。此后即使输入 X11 再接通，计数器的当前值也保持不变。当复位输入 X10 接通时，执行 RST 复位指令，计数器复位，输出触点也复位，Y0 被断开。

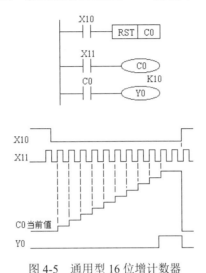

图 4-5　通用型 16 位增计数器

（2）32 位增/减计数器（C200～C234）：共有 35 点，其中 C200～C219（共 20 点）为通用型，C220～C234（共 15 点）为断电保持型。这类计数器与 16 位增计数器除位数不同外，还在于它能通过控制实现加/减双向计数。设定值范围均为-214783648～+214783647（32 位）。

C200～C234 是增计数还是减计数，分别由特殊辅助继电器 M8200～M8234 设定。对应的特殊辅助继电器被置为 ON 时为减计数，置为 OFF 时为增计数。

计数器的设定值与 16 位计数器一样，可直接用常数 K 或间接用数据寄存器 D 的内容作为设定值。在间接设定时，要用编号紧连在一起的两个数据计数器。

如图 4-6 所示，X10 用来控制 M8200，X10 闭合时为减计数方式。X12 为计数输入，C200 的设定值为 5（可正、可负）。设置 C200 为增计数方式（M8200 为 OFF），当 X12 计数输入累加由 4→5 时，计数器的输出触点动作。当前值大于 5 时计数器仍为 ON 状态。只有当前值由 5→4 时，计数器才变为 OFF。只要当前值小于 4，则输出保持为 OFF 状态。复位输入 X11 接通时，计数器的当前值为 0，输出触点也随之复位。

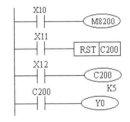

2. 高速计数器（C235～C255）

图 4-6　32 位增/减计数器

高速计数器与内部计数器相比除允许输入频率高之外，应用也更为灵活，高速计数器均有断电保持功能，通过参数设定也可变成非断电保持。FX$_{2N}$ 有 C235～C255 共 21 点高速计数器，适合用来作为高速计数器输入的 PLC 输入端口有 X0～X7。X0～X7 不能重复使用，即某一个输入端已被某个高速计数器占用，它就不能再用于其他高速计数器，也不能用作他用。各高速计数器对应的输入端如表 4-3 所示。

表 4-3　高速计数器简表

输入计数器		X0	X1	X2	X3	X4	X5	X6	X7
单相单计数输入	C235	U/D							
	C236		U/D						
	C237			U/D					
	C238				U/D				
	C239					U/D			
	C240						U/D		
	C241	U/D	R						
	C242			U/D	R				
	C243				U/D	R			
	C244	U/D	R					S	
	C245			U/D	R				S
单相双计数输入	C246	U	D						
	C247	U	D	R					
	C248				U	D	R		
	C249	U	D	R				S	
	C250				U	D	R		S
双相	C251	A	B						
	C252	A	B	R					
	C253				A	B	R		
	C254	A	B	R				S	
	C255				A	B	R		S

表中：U 为加计数输入，D 为减计数输入，B 为 B 相输入，A 为 A 相输入，R 为复位输入，S 为起动输入。X6、X7 只能用作起动信号，而不能用作计数信号。

高速计数器可分为以下 3 类：

（1）单相单计数输入高速计数器（C235～C245）：其触点动作与 32 位增/减计数器相同，可进行增或减计数（取决于 M8235～M8245 的状态）。

图 4-7(a)所示为无起动/复位端单相单计数输入高速计数器的应用。当 X10 断开时，M8235 为 OFF，此时 C235 为增计数方式（反之为减计数）。由 X12 选中 C235，从表中可知其输入信号来自于 X0，C235 对 X0 信号增计数，当前值达到 1234 时，C235 常开接通，Y0 得电。X11 为复位信号，当 X11 接通时，C235 复位。

图 4-7（b）所示为带起动/复位端单相单计数输入高速计数器的应用。由表 4-3 可知，X1 和 X6 分别为复位输入端和起动输入端。利用 X10 通过 M8244 可以设定其增/减计数方式。当 X12 为接通且 X6 也接通时，开始计数，计数的输入信号来自于 X0，C244 的设定值由 D0 和 D1 指定。除了可用 X1 立即复位外，也可用梯形图中的 X11 复位。

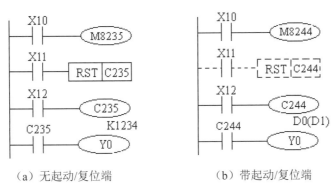

图 4-7　单相单计数输入高速计数器

（2）单相双计数输入高速计数器（C246～C250）。这类高速计数器具有两个输入端：一个为增计数输入端，另一个为减计数输入端。利用 M8246～M8250 的 ON/OFF 动作可监控 C246～C250 的增计数/减计数动作。

如图 4-8 所示，X10 为复位信号，其有效（ON）则 C248 复位。由表 4-3 可知，也可以利用 X5 对其复位。当 X11 接通时，选中 C248，输入来自 X3 和 X4。

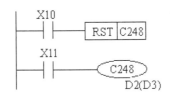

图 4-8　单相双计数输入高速计数器

（3）双相高速计数器（C251～C255）：A 相和 B 相信号决定计数器是增计数还是减计数。当 A 相为 ON 时，B 相由 OFF 到 ON，则为增计数；当 A 相为 ON 时，若 B 相由 ON 到 OFF，则为减计数，如图 4-9（a）所示。

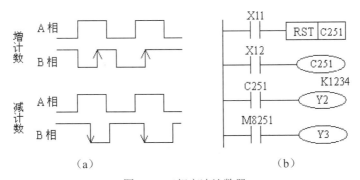

图 4-9　双相高速计数器

如图 4-9（b）所示，当 X12 接通时，C251 计数开始。由表 4-3 可知，其输入来自 X0（A相）和 X1（B 相）。只有当计数使当前值超过设定值时，Y2 为 ON。如果 X11 接通，则计数器复位。根据不同的计数方向，Y3 为 ON（增计数）或为 OFF（减计数），即用 M8251～M8255，可监视 C251～C255 的加/减计数状态。

注意：高速计数器的计数频率较高，它们的输入信号的频率受两方面的限制，一是全部高速计数器的处理时间，因为它们采用中断方式，所以计数器用得越少，则可计数频率就越高；二是输入端的响应速度，其中 X0、X2、X3 最高频率为 10kHz，X1、X4、X5 最高频率为 7kHz。

4.4　项目任务实施

1．工作原理分析

三相异步电动机的 Y-△降压起动是指在电动机起动时，把电动机定子绕组接成 Y 形，以降低定子绕组上的起动电压，限制起动电流。待电动机起动后，再将电动机定子绕组改接成△形，使电动机全压运行。凡是在正常运行时定子绕组作△形连接的异步电动机，均可采用这种降压起动方法。在图 4-1 中，其工作原理是：起动时合上电源开关 QS，按起动按钮 SB2，则 KM1、KM3 和 KT 同时吸合并自锁，这时电动机接成 Y 联结起动。随着转速升高，电动机电流下降，KT 延时达到整定值，其延时断开的常闭触点断开，其延时闭合的常开触点闭合，从而使 KM3 断电释放，KM2 通电吸合自锁，这时电动机换接成△联结正常运行。停止时只要按下停止按钮 SB1，KM1 和 KM2 相继断电释放，电动机停止。其工作时序图如图 4-10 所示。

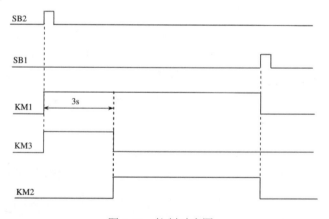

图 4-10　控制时序图

2．输入与输出点分配

在控制电路中，停止按钮 SB1、起动按钮 SB2、热继电器辅助触点属于控制信号，应作为 PLC 的输入量分配接线端子；而接触器线圈属于被控对象，应作为 PLC 的输出量分配接线端子。接触器 KM△和 KMY 不能同时得电动作，否则三相电源短路。为此，电路中采用接触器常闭触点串接在对方线圈回路作电气联锁，使电路工作可靠。其输入/输出端子分配表如表 4-4 所示。

3．PLC 接线示意图

三相异步电动机的 Y-△降压起动的控制电路，主电路由开关 QS、熔断器 FU1、接触器主触点、热继电器主触点及电动机组成，控制电路由熔断器 FU2、停止按钮 SB1、起动按钮 SB2、接触器辅助触点、接触器 KM 线圈、时间继电器线圈及触点组成。PLC 改造主要针对控制电路进行，而主电路部分保留不变。根据 I/O 端口地址分配表及接触器线圈的工作电压（24V 交流）可画出 PLC 的外部接线示意图，如图 4-11 所示。

表 4-4　三相异步电动机 Y-△起动 PLC 控制系统的输入/输出（I/O）端口地址分配表

输入量（IN）			输出量（OUT）		
元件代号	功能	输入点	元件代号	功能	输出点
SB2	起动按钮	X000	KM	接触器线圈	Y000
SB1	停止按钮	X001	KMY	接触器线圈	Y001
FR	热继电器常闭触点	X002	KM△	接触器线圈	Y002

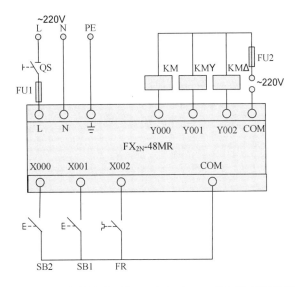

图 4-11　三相异步电动机 Y-△起动 PLC 控制接线示意图

4. 梯形图和指令程序设计

采用起保停电路设计的 Y-△降压起动控制线路梯形图程序如图 4-12 所示。

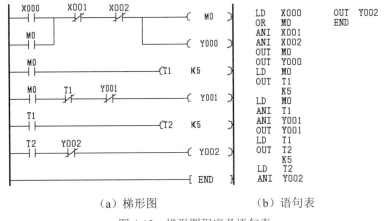

（a）梯形图　　　　　　　（b）语句表

图 4-12　梯形图程序及语句表

采用主控、主控复位指令设计梯形图程序如图 4-13 所示。

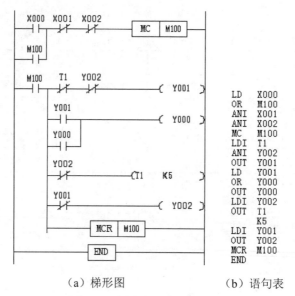

LD	X000
OR	M100
ANI	X001
ANI	X002
MC	M100
LDI	T1
ANI	Y002
OUT	Y001
LD	Y001
OR	Y000
OUT	Y000
LDI	Y002
OUT	T1
	K5
LDI	Y001
OUT	Y002
MCR	M100
END	

（a）梯形图　　　　　　　（b）语句表

图 4-13　梯形图程序及语句表

转换法实现的梯形图程序如图 4-14 所示。

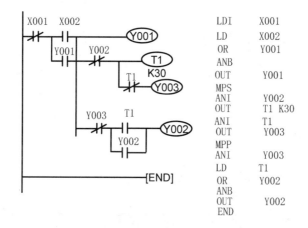

LDI	X001
LD	X002
OR	Y001
ANB	
OUT	Y001
MPS	
ANI	Y002
OUT	T1 K30
ANI	T1
OUT	Y003
MPP	
ANI	Y003
LD	T1
OR	Y002
ANB	
OUT	Y002
END	

图 4-14　转换法编程

5. 运行并调试程序

（1）将梯形图程序输入到计算机。

（2）下载程序到 PLC，并对程序进行调试运行。观察电机在程序控制下能否实现自动 Y-△降压起动。

（3）调试运行并记录调试结果。

学习任务单卡 5

班级：_____　学号：_____　姓名：_____　实训日期：

课程信息	课程名称	教学单元	本次课训练任务	学时	实训地点
	PLC 应用技术	电动机星三角降压起动的 PLC 控制	任务 1 电动机 Y-△降压起动 PLC 控制的编程	2	PLC 实训室
			任务 2 电动机 Y-△降压起动 PLC 控制的实现	2	

任务描述	能用主控指令编程，能较熟练地分配 I/O 端口，画出其外部接线图，并实现三相异步电动机 Y-△降压起动 PLC 控制

任务 1 电动机 Y-△降压起动 PLC 控制编程

1. MC 是主控指令，表示主控区的_____，只能用于_____和辅助继电器 M（不包括特殊辅助继电器）；MCR 是主控 MC 指令的_____指令，用来表示主控区的_____。

A. 开始　　B. 结束　　C. 置位　　D. 复位　　E. 输入继电器 X　　F. 输出继电器 Y

2. 既可以将热继电器接在 PLC 的输入端_____实现过载保护，又可以将热继电器接在 PLC 的输出端_____实现过载保护的热继电器是_____热继电器；只可以将热继电器接在 PLC 的输入端实现过载保护的热继电器是_____热继电器。

A. 手动复位　　　　B. 自动复位　　　C. 和编写程序　　　D. 而不用编写程序

3. 用主控指令编写电动机 Y-△降压起动控制的 PLC 程序。

【教师现场评价：完成□，未完成□】

任务 2 电动机 Y-△降压起动 PLC 控制的实现

1. 根据图 1 在下方空白处画出 I/O 分配表和外部接线图。

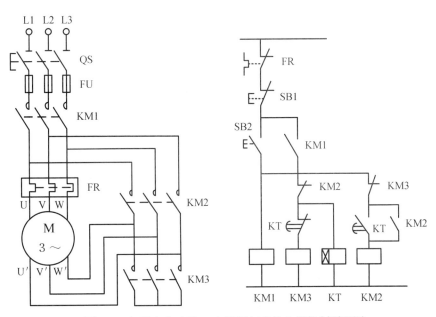

图 1　三相异步电动机 Y-△降压起动继电器控制原理图

2. 按图 1 主电路在实验台上连接电动机主电路，并按你所画的外部接线示意图连接输入/输出端子至 PLC。

学做过程记录	【教师现场评价：完成□，未完成□】 3. 将编写的 PLC 程序输入 PLC，调试实现电动机 Y-△降压起动 PLC 控制。 【教师现场评价：完成□，未完成□】 将编写的 PLC 梯形图程序写在下方空白处。
学生自我评价	A. 基本掌握　　B. 大部分掌握　　C. 掌握一小部分　　D. 完全没掌握　　　选项（　　　　）
学生建议	

4.5　知识拓展：PLC 输入接线问题

各类 PLC 的输入电路大致相同，通常有三种类型：一种是直流 12～24V 输入，另一类是交流 100～120V、200～240V 输入，第三类是交直流输入。外界输入器件可以是无源触点或是有源的传感器输入。这些外部器件都要通过 PLC 端子与 PLC 连接，都要形成闭合有源回路，所以必须提供电源。

1. 无源开关的接线

FX$_{2N}$ 系列 PLC 只有直流输入，且在 PLC 内部，将输入端与内部 24V 电源正极相连，COM 端与负极连接，如图 4-15 所示。这样，其无源的开关类输入不用单独提供电源。这与其他类 PLC 有很大区别，在今后使用其他 PLC 时要注意仔细阅读其说明。

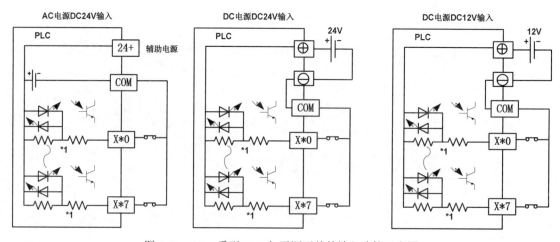

图 4-15　FX$_{2N}$ 系列 PLC 与无源开关的输入连接示意图

2. 接近开关的接线

接近开关指本身需要电源驱动，输出有一定电压或电流的开关量传感器。开关量传感器根据其原理分有很多种，可用于不同场合的检测，但根据其信号线可以分成三大类：两线式、三线式、四线式。其中四线式有可能是同时提供一个动合触点和一个动断触点，实际中只用其中之一，或者是第四根线为传感器校验线，校验线不会与 PLC 输入端连接。因此，无论哪种情况都可以参照三线式接线。图 4-16 所示为 PLC 与传感器连接的示意图。

(a) 与两线式传感器连接　　　　　　(b) 与三线式传感器连接

图 4-16　PLC 与传感器连接示意图

两线式为一信号线与电源线。三线式分别为电源正负极和信号线。不同作用的导线用不同颜色表示，这种颜色的定义有不同的定义方法，使用时参见相关说明书。图 4-16（b）中为一种常见的颜色定义。信号线为黑色时为动合式，动断式用白色导线。

图示传感器为 NPN 型，是常用的形式。对于 PNP 型传感器与 PLC 连接，不能照搬这种形式连接，要参考相应的资料。

3. 旋转编码器的接线

旋转编码器可以提供高速脉冲信号，在数控机床及工业控制中经常用到。不同型号的编码器输出的频率、相数也不一样。有的编码器输出 A、B、C 三相脉冲，有的只有两相脉冲，有的只有一相脉冲（如 A 相），频率有 100 Hz、200Hz、1kHz、2kHz 等。当频率比较低时，PLC 可以响应；频率高时，PLC 就不能响应，此时编码器的输出信号要接到特殊功能模块上，如采用 FX_{2N}-11HC 高速计数模块。图 4-17 所示为 FX_{2N} 型 PLC 与 OMRON 的 E6A2-C 系列旋转编码器的接口示意图。

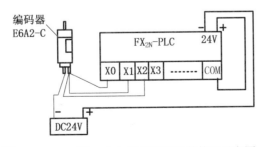

图 4-17　FX_{2N} 型 PLC 与旋转编码器的接口示意图

4.6　项目拓展：装箱输送系统的编程与调试（仿真）

FX-TRN-BEG-C 软件界面如图 4-18 所示。

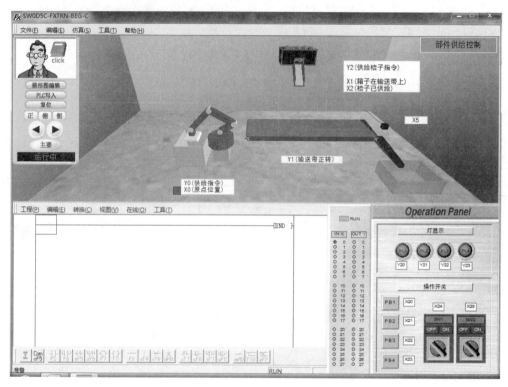

图 4-18　FX-TRN-BEG-C 软件界面

1. 设计要求

按起动按钮，机械手抓取箱子放到输送带装橘子，每箱装 5 个橘子，一共装 4 箱，第一箱完成 PL1 指示灯亮，第二箱完成 PL2 指示灯亮，第三箱完成 PL3 指示灯亮，第四箱完成 PL4 指示灯亮，机器自动停止动作，4 个指示灯保持常亮，直到下次按起动按钮时 4 个指示灯才灭，机器再次工作。

2. 元件分配表（如表 4-5 所示）

表 4-5　元件分配表

输入			输出		
设备名称	操作开关	输入点编号	设备名称	输出点编号	
起动按钮	PB1	X20	机械手供给	Y0	
机械手原点		X0	输送带	Y1	
箱子到供橘子处		X1	供给橘子	Y2	
橘子供给中		X2			
输送带限位开关		X5			

3. **参考程序**（如图 4-19 所示）

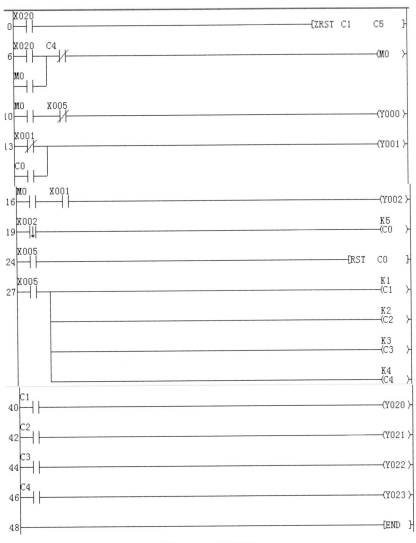

图 4-19 参考程序

4.7 思考与练习

1. Y-△降压起动控制电路中接触器 KM△ 和 KMY 为什么不能同时得电动作？
2. FX$_{2N}$ 型 PLC 的内部辅助继电器共有多少个？它们各有什么用途？
3. 使用主控、主控复位指令应注意哪些问题？
4. 编写程序的方法是否是唯一的？
5. 用 PLC 实现 Y-△起动的可逆运行电动机控制电路，如图 4-20 所示，控制要求如下：
   （1）按下正转按钮 SB1，电动机以 Y-△方式正向起动，Y 形联结运行 30s 后转换为△运行。按下停止按钮 SB3，电动机停止运行。

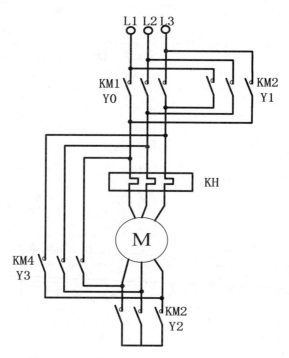

图 4-20　Y-△起动的可逆运行电动机控制电路

（2）按下反转按钮 SB2，电动机以 Y-△方式反向起动，Y 形联结运行 30s 后转换为△运行。按下停止按钮 SB3，电动机停止运行。

6. 用 PLC 实现电动机反接制动控制电路，如图 4-21 所示，其工作原理如下。

（1）按下正向起动按钮 SB2，运行过程为：中间继电器 KA1 线圈得电，KA1 常开触点闭合并自锁，同时正向接触器 KM1 得电，主触点闭合，电动机正向起动；在刚起动时电动机转速未达到速度继电器 KV 的动作转速，常开触点 KS-Z 未闭合，中间继电器 KA3 断电，KM3 也处于断电状态，因而电阻 R 串联在电路中限制起动电流；当转速升高后，速度继电器动作，常开触点 KS-Z 闭合，KM3 线圈得电，其主触点短接电阻 R，电动机起动结束。

（2）按下停止按钮 SB1，运行过程为：中间继电器 KA1 线圈断电，KA1 常开触点断开接触器 KM3 线圈电路，电阻 R 再次串联在电动机定子电路中限制电流；同时，KM1 线圈失电，切断电动机三相电源；此时电动机转速仍然较高，常开触点 KS-Z 仍闭合，中间继电器 KA3 线圈还处于得电状态，在 KM1 线圈失电的同时又使得 KM2 线圈得电，主触点将电动机电源接反接，电动机反接制动，定子电路一直串联有电阻 R 以限制制动电流；当转速接近零时，速度继电器常开触点 KS-Z 断开，KA3 和 KM2 线圈失电，制动过程结束，电动机 M 停转。

（3）按下反向起动按钮 SB3，运行过程为：如果正处于正向运行状态，反向按钮 SB3 同时切断 KA1 和 KM1 线圈；然后中间继电器 KA2 线圈得电，KA2 常开触点闭合并实现自锁，同时正向接触器 KM2 得电，主触点闭合，电动机反向起动。由于原来电动机处于正向运行，所以首先制动。制动结束后，反向转速在未达到速度继电器 KV 的动作转速时，常开触点 KS-F 未闭合，中间继电器 KA4 断电，KM3 也处于断电状态，因而电阻 R 仍串联在电路中限制起动电流；当反向转速升高后，速度继电器动作，常开触点 KS-F 闭合，KM3 线圈得电，其主触点短接电路 R，电动机反向起动结束。反向制动过程与正向制动过程类似。

试列出 I/O 分配表，编写梯形图程序并上机运行调试。

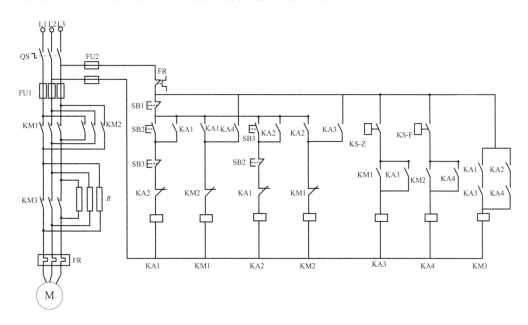

图 4-21 反接制动控制电路

7. 用 PLC 实现十字路口交通灯控制，十字路口南北向及东西向均设有红、黄、绿三只信号灯，六只灯依一定的时序循环往复工作。图 4-22 所示是交通灯的时序图。

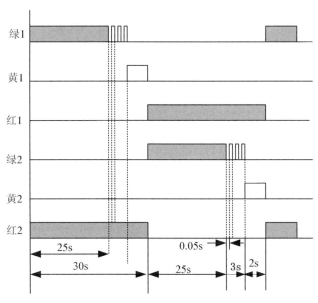

图 4-22 交通灯的时序图

试列出 I/O 分配表，编写梯形图程序并上机运行调试。

项目五　传送带上物品传输控制系统的编程与实现

5.1　项目训练目标

1. 能力目标

（1）能正确分配 I/O 口。

（2）会调试程序，排除故障。

2. 知识目标

（1）掌握程序调试方法。

（2）了解工业控制过程。

5.2　项目训练任务

1. 训练内容和要求

设计一个用 PLC 控制的皮带运输机控制系统。

在建材、化工、机械、冶金、矿山等工业生产中广泛使用皮带运输系统运送原料或物品。供料由电阀 DT 控制，电动机 M1、M2、M3、M4 分别用于驱动皮带运输线 PD1、PD2、PD3、PD4。储料仓设有空仓和满仓信号，其动作示意简图如图 5-1 所示，具体要求如下：

（1）正常起动。仓空或按自动起动按钮时的起动顺序为 M1、DT、M2、M3、M4，间隔时间为 5s。

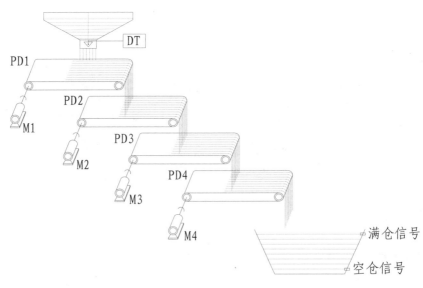

图 5-1　四皮带运输机的动作示意图

（2）正常停止。为使皮带上不留物料，要求顺物料流动方向按一定时间间隔顺序停止，即正常停止顺序为 DT、M1、M2、M3、M4，间隔时间为 5s。

（3）当某条皮带机发生故障时，该皮带机及其前面的皮带机立即停止，而该皮带机以后的皮带机待运完后才停止。例如 M2 故障，M1、M2 立即停止，经过 5s 延时后 M3 停止，再过 5sM4 停止。

（4）紧急停止。当出现意外时，按下紧急停止按钮，则停止所有电动机和电磁阀。

（5）具有点动功能。

2．训练步骤及要求

（1）分析皮带运输机控制系统传输过程，确定控制皮带运输机传输的输入/输出设备，并分配 PLC 的 I/O 点给输入/输出设备，填入表 5-1。

表 5-1　传送带系统的 I/O 端口地址分配表

输入			输出		
设备名称	代号	输入点编号	设备名称	代号	输出点编号

（2）根据分配的 I/O 点和输出驱动负载的情况绘制图 5-2 所示的 PLC 接线图。输入端的电源利用 PLC 提供的内部直流电源，输出端根据接触器线圈额定工作电压选择合适的电源。

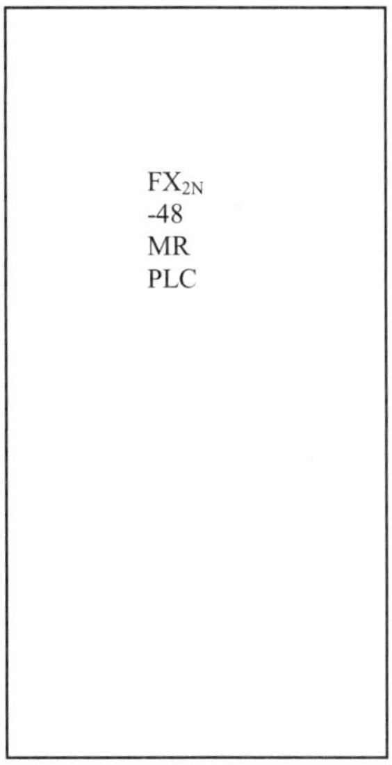

FX$_{2N}$-48MR PLC

图 5-2　PLC 端子分配（I/O）接线图

（3）根据传送带的 PLC 外部接线图正确连接好电路。

（4）打开 GX Developer 软件，编写传送带 PLC 控制梯形图并下载至 PLC。

（5）PLC 运行开关拨至停止状态，进行 PLC 模拟调试。操作起动按钮，观察 PLC 的输出指示灯是否按要求指示，若输出有误，检查并修改程序，直至指示正确。

（6）操作故障控制按钮，观察传送带是否正常有序停止，若停止有误，检查并修改程序，直至正确。

3. 思考与练习

为什么要顺序起动传送带，逆序停止？

5.3　项目任务实施

1. 工作原理分析

根据控制要求可以画出皮带运输机动作流程图，如图 5-3 所示。

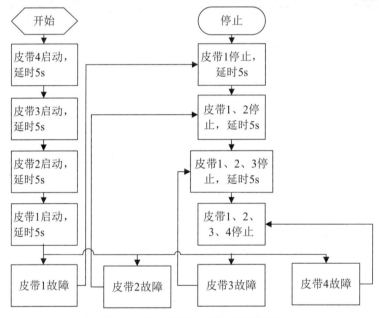

图 5-3　四皮带运输机的动作流程图

2. 输入/输出点分配

输入信号有自动/手动转换开关 SW1、自动位起动按钮 SB2、正常停止按钮 SB3、紧急停止按钮 SB4 和点动输入等，输出信号有电动机接触器 M1～M4 和电磁阀线圈 YV1。确定它们与 PLC 中的输入继电器和输出继电器的对应关系，可得 PLC 控制系统的 I/O 端口地址分配表，如表 5-2 所示。

3. PLC 接线示意图

根据 PLC 控制系统 I/O 端口地址分配表可以画出 PLC 的外部接线示意图，如图 5-4 所示。

表 5-2 PLC 控制系统的 I/O 端口地址分配表

输入			输出		
设备名称	代号	输入点编号	设备名称	代号	输出点编号
自动/手动转换开关	SA0	X0	DT 电磁阀	YV1	Y0
自动起动	SB1	X1	M1 电动机	KM0	Y1
正常停止	SB2	X2	M2 电动机	KM1	Y2
紧急停止	SB3	X3	M3 电动机	KM2	Y3
点动电磁阀	SB4	X4	M4 电动机	KM3	Y4
点动 M1	SB5	X5			
点动 M2	SB6	X6			
点动 M3	SB7	X7			
点动 M4	SB8	X10			
满仓信号	SQ0	X11			
空仓信号	SQ1	X12			
皮带 1 故障	SA1	X13			
皮带 2 故障	SA2	X14			
皮带 3 故障	SA3	X15			
皮带 4 故障	SA4	X16			

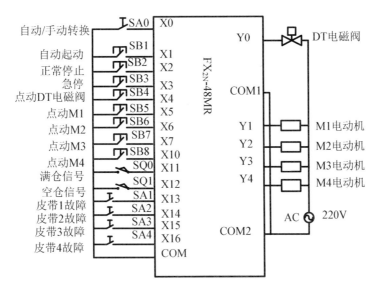

图 5-4 皮带输送机 PLC 控制接线示意图

4. 梯形图程序设计

设计的梯形图略。

5. 运行并调试程序

（1）在作为编程器的计算机上，运行 GX Developer 或 SWOPC-FXGP/WIN-C 编程软件，创建新文件，选择 PLC 的类型为 FX2N。

（2）将梯形图程序或指令程序输入到计算机中，然后按 F4 键转换程序。

（3）使用专用通信电缆 RS-232/RS-422 转换器将 PLC 的编程接口与计算机的 COM 口相连。执行 PLC→"传送"→"写出"命令将程序文件下载到 PLC 中，若出现通信错误窗口，请检查电源是否打开，确认 PLC 和计算机的 RS-232 串口通信无误。

（4）调试系统。将 PLC 的 RUN/STOP 开关拨到 RUN 位置，然后通过软件中的"监控/测试"监控程序的执行情况，观察 PLC 面板运行指示灯是否点亮。按下起动按钮，对程序进行调试运行，观察程序的运行情况。若出现故障，应分别检查硬件电路接线和梯形图是否有误，修改后应重新调试，直至系统按要求正常工作。

（5）记录程序调试的结果。

学习任务单卡 6

班级：_____　学号：_____　姓名：_____　实训日期：_____

课程信息	课程名称	教学单元	本次课训练任务	学时	实训地点
	PLC 应用技术	皮带输送机的 PLC 控制	任务 1 四皮带输送机 PLC 控制的编程	2	PLC 实训室
			任务 2 四皮带输送机 PLC 控制的实现	2	
任务描述	能综合利用 PLC 基本指令及定时器实现 PLC 控制工业过程的编程。				
学做过程记录	任务 1 四皮带 PLC 控制的编程				
	实训步骤：				
	1. 根据控制要求分配 I/O 端口，画出四皮带输送机的外部接线图。				
	2. 根据控制要求及分配的 I/O 口，编写四皮带输送机的 PLC 控制程序，写在下方空白处。				
	任务 2 四皮带输送机 PLC 控制的实现（仿真）				
	1. 打开 FX2N 仿真软件，根据仿真软件输入/输出端子特征及编号选择合适的 X/Y 点。				
	2. 将 PLC 程序输入 FX2N 仿真软件，实现四皮带输送机的 PLC 仿真控制。				
	【教师现场评价：完成□，未完成□】				
学生自我评价	A. 基本掌握　　B. 大部分掌握　　C. 掌握一小部分　　D. 完全没掌握　　　　选项（　　　　）				
学生建议					

5.4 项目拓展：归类装置的编程与调试（仿真）

5.4.1 大小检测装置的编程与调试

FX-TRN-BEG-C 软件界面，如图 5-5 所示。

1. 设计要求

按起动按钮，机械手抓取箱子放到输送带上，通过输送带的三个传感器检测出大、中、小箱子，对应的指示灯亮，箱子到达限位开关 X4 处指示灭，按下停止按钮所有设备停止工作。

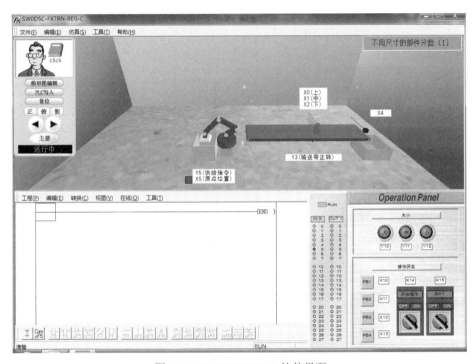

图 5-5　FX-TRN-BEG-C 软件界面

2. 元件分配表（如表 5-3 所示）

表 5-3　元件分配表

输入			输出		
设备名称	操作开关	输入点编号	设备名称	输出点编号	
起动按钮	PB1	X10	机械手供给	Y5	
机械手原点		X5	输送带	Y3	
停止按钮	PB2	X11			
输送带上限位		X0			
输送带中限位		X1			
输送带下限位		X2			

3. 参考程序（如图 5-6 所示）

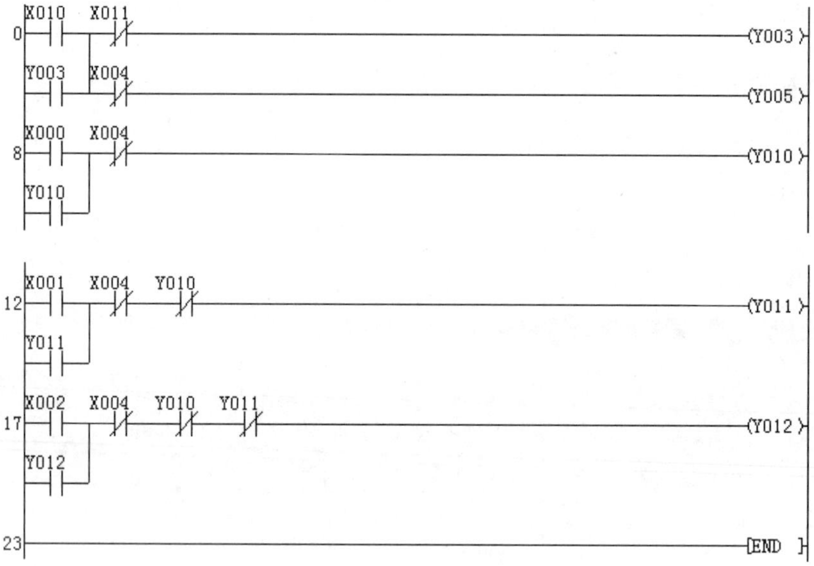

图 5-6　参考程序

5.4.2　归类装置的编程与调试（仿真）

按起动按钮 PB1（X20）机械手抓取箱子放到输送带，通过输送带的三个传感器检测出大、小箱子，大箱子放外面归类箱，小箱子放里面归类箱，如此循环直到按下停止按钮 PB2（X21）后所有设备停止工作。

学习情境二　机械手控制系统的编程与实现

项目六　液位搅拌机的 PLC 控制

6.1　项目训练目标

1．能力目标

（1）能设计单序列控制系统的顺序功能图。

（2）能用步进顺控指令编程。

（3）能较熟练分配 I/O 端口，设计其系统接线图并实现液位搅拌机的 PLC 控制。

2．知识目标

理解和掌握单序列 PLC 顺序控制。

6.2　项目训练任务

1．控制要求

图 6-1 所示为两种液体混合装置，SL1、SL2、SL3 为液面传感器，液体 A、B 阀门与混合液阀门由电磁阀 YV1、YV2、YV3 控制，M 为搅匀电机。要求按下起动按钮 SB1，装置投入运行，液体 A、B 阀门关闭，排液阀门打开 3s 将容器放空后关闭，液体 A 阀门打开，液体 A 流入容器。当液面到达 SL2 时，SL2 接通，关闭液体 A 阀门，打开液体 B 阀门。液面到达 SL1 时，关闭液体 B 阀门，搅动电机开始搅动。搅动电机工作 5s 后停止搅动，混合液体阀门打开，开始放出混合液体。当液面下降到 SL3 时，SL3 由接通变为断开，再过 2s 后，容器放空，混合液阀门关闭，开始下一周期。

停止操作：在当前的混合液操作处理完毕后，按下停止按钮 SB2，停止操作。

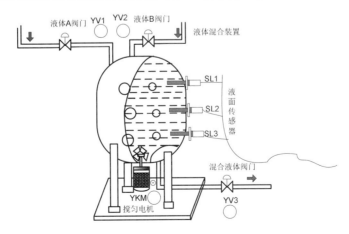

图 6-1　液体混合搅拌机装置示意图

2．工作原理分析

根据控制要求可以画出该混合装置的 PLC 控制工作流程图，如图 6-2 所示。

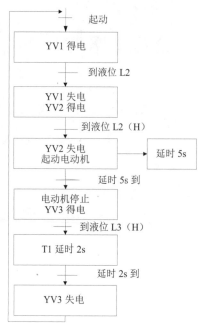

图 6-2　液体混合搅拌机装置流程图

3．输入/输出点分配

通过以上分析分配 PLC 的 I/O 点给输入/输出设备，填入表 6-1。

表 6-1　PLC 控制系统输入/输出（I/O）端口分配表

输入信号			输出信号		
名称	代号	输入点编码	名称	代号	输出点编码

4．PLC 接线示意图

（1）根据分配的 I/O 点和输出驱动负载的情况绘制图 6-3 所示的 PLC 接线图。

（2）根据 PLC 外部接线图正确连接液位搅拌机实训板。

（3）打开 GX Developer 软件，编写传送带 PLC 控制梯形图并下载至 PLC。

（4）PLC 运行开关拨至停止状态，进行 PLC 模拟调试。操作起动按钮，观察 PLC 的输出指示灯是否按要求指示。若输出有误，检查并修改程序，直至指示正确。

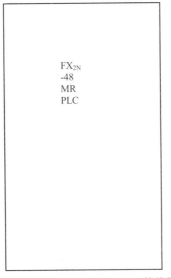

图 6-3　PLC 端子分配（I/O）接线图

5．思考与练习

（1）什么是顺序控制设计法？

（2）步进顺控指令的使用场合有哪些？

6.3　相关知识点

6.3.1　顺序控制设计法

1．顺序控制的概念

用经验设计法设计梯形图时，没有一套固定的方法和步骤可以遵循，具有很大的试探性和随意性。对于不同的控制系统，没有一种通用的容易掌握的设计方法。在设计复杂系统的梯形图时，用大量的中间单元来完成记忆、联锁和互锁等功能，由于需要考虑的因素很多，它们往往又交织在一起，分析起来非常困难，并且很容易遗漏一些应该考虑的问题。修改某一局部电路时，可能对系统的其他部分产生意想不到的影响，因此梯形图的修改也很麻烦，花了很长的时间还得不到一个满意的结果。用经验法设计出的梯形图往往很难阅读，给系统的维修和改进带来了很大的困难。

如果一个控制系统可以分解成几个独立的控制动作，并且这些动作必须严格按照一定的先后次序执行才能保证生产过程的正常运行，这样的控制系统就称为顺序控制系统，也称为步进控制系统。其控制总是一步一步按顺序进行。在工业控制领域中，顺序控制系统的应用很广，尤其在机械行业，几乎无例外地利用顺序控制来实现加工的自动循环。

所谓顺序控制，就是按照生产工艺预先规定的顺序，在各个输入信号的作用下，根据内部状态和时间的顺序，在生产过程中各个执行机构自动地有秩序地进行操作。顺序控制设计法实际上是用输入信号 X 控制代表各步的编程元件（例如辅助继电器 M 和状态继电器 S），再用它们控制输出信号 Y。步是根据输出信号 Y 的状态来划分的。顺序控制设计法又称为步进控制设计法，它是一种先进的设计方法，很容易被初学者接受，程序的调试、修改和阅读也很容易。某厂有经验的电气工程师用经验设计法设计某控制系统的梯形图，花了两周的时间，同一系统改用顺序控制设计法，只用了不到半天时间就完成了梯形图的设计和模拟调试，现场试车一次成功，大大缩短了设计周期，提高了设计效率。

2. 顺序功能图的组成要素

顺序控制设计法最基本的思想是将系统的一个工作周期划分为若干个顺序相连的阶段，这些阶段称为步（Step），可以用编程元件（例如辅助继电器 M 和顺序控制继电器 S）来代表各步。步是根据输出量的状态变化来划分的，在任何一步之内，各输出量的 ON/OFF 状态不变，但是相邻两步输出量总的状态是不同的，步的这种划分方法使代表各步的编程元件的状态与各输出量的状态之间有着极为简单的逻辑关系。使用顺序控制设计法时首先根据系统的工艺过程画出顺序功能图，然后根据顺序功能图画出梯形图。顺序功能图主要由步、有向连线、转换、转换条件和动作（或命令）五大要素组成，如图 6-4 所示。

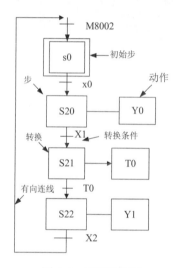

图 6-4　顺序功能图

（1）步。在功能图中用矩形框表示步，方框内是该步的编号。各步的编号可为 n-1、n、n+1 等。编程时一般用 PLC 内部的编程元件来代表各步，因此经常直接用代表该步的编程元件的元件号作为步的编号，如 M300、S20 等。

这样在根据功能图设计梯形图时较为方便。

（2）初始步。与系统的初始状态相对应的步称为初始步。初始状态一般是系统等待起动命令的相对静止的状态。初始步用双线方框表示，每一个功能图至少应该有一个初始步。

（3）动作。一个控制系统可以划分为被控系统和施控系统，例如在数控车床系统中，数控装置是施控系统，而车床是被控系统。对于被控系统，在某一步中要完成某些"动作"，对于施控系统，在某一步中要向被控系统发出某些"命令"，将动作或命令简称为动作，并用矩形框中的文字或符号表示，该矩形框应与相应的步的符号相连。如果某一步有几个动作，其动作可以如图示的横排，也可以是竖排。

（4）活动步。当系统正处于某一步时，该步处于活动状态，称该步为"活动步"。步处于活动状态时，相应的动作被执行。若为保持型动作则该步不活动时继续执行该动作；若为非保持型动作则指该步不活动时，动作也停止执行。一般在功能图中保持型的动作应该用文字或助记符标注，而非保持型动作不要标注。

（5）有向连线。在功能图中，随着时间的推移和转换条件的实现，将会发生步的活动状态的顺序进展，这种进展按有向连线规定的路线和方向进行。在画功能图时，将代表各步的方框按它们成为活动步的先后次序顺序排列，并用有向连线将它们连接起来。活动状态的进展方向习惯上是从上到下或从左至右，在这两个方向有向连线上的箭头可以省略。如果不是上述的方向，应在有向连线上用箭头注明进展方向。

（6）转换。转换是用有向连线上与有向连线垂直的短划线来表示，转换将相邻两步分隔开。步的活动状态的进展是由转换的实现来完成的，并与控制过程的发展相对应。

（7）转换条件。转换条件是与转换相关的逻辑条件，转换条件可以用文字语言、布尔代数表达式或图形符号标注在表示转换的短线的旁边。转换条件 X 和 $\overline{X}$ 分别表示在逻辑信号 X 为"1"状态和"0"状态时转换实现。符号 X↑ 和 X↓ 分别表示当 X 从 0→1 状态和从 1→0 状态时转换实现。使用最多的转换条件表示方法是布尔代数表达式，如转换条件 $(X0 + X3) \cdot \overline{C0}$ 。

3. 顺序功能图的基本结构

根据步与步之间进展的不同情况，功能图有以下 3 种结构：

（1）单序列：由一系列相继激活的步组成，每一步的后面仅有一个转换，每一个转换的后面只有一个步，如图 6-5（a）所示。

（2）选择序列：一个活动步之后紧接着有几个后续步可供选择的结构形式称为选择序列，如图 6-5（b）所示。选择序列的开始称为分支，转换符号只能标在水平连线之下。一般只允许同时选择一个序列，即选择序列中的各序列是互相排斥的，其中的任何两个序列都不会同时执行。选择序列的结束称为合并，几个选择序列合并到一个公共序列时用需要重新组合的序列相同数量的转换符号和水平连线来表示，转换符号只允许标在水平连线之上。

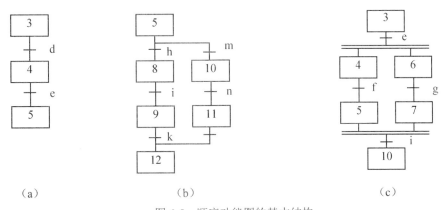

（a）　　　　　　　　　　（b）　　　　　　　　　　（c）

图 6-5　顺序功能图的基本结构

（3）并行序列：当转换的实现导致几个分支同时激活时称为并行序列，如图 6-5（c）所示。其有向连线的水平部分用双线表示。并行序列每个序列中活动步的进展将是独立的。在表示同步的水平双线之上，只允许有一个转换符号。并行序列用来表示系统的几个同时工作的独立部分的工作情况。并行序列的结束称为合并，在表示同步的水平双线之下只允许有一个转换符号。

4. 顺序功能图中转换实现的基本原则

（1）转换实现的条件。

在顺序功能图中，步的活动状态的进展是由转换的实现来完成的。转换实现必须同时满足以下两个条件：

- 该转换所有的前级步都是活动步。
- 相应的转换条件得到满足。

如果转换的前级步或后续步不止一个，转换的实现称为同步实现，如图 6-6 所示。为了强调同步实现，有向连线的水平部分用双线表示。

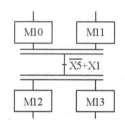

图 6-6   转换的同步实现

（2）转换实现应完成的操作。

转换实现的基本规则是根据顺序功能图设计梯形图的基础，它适用于顺序功能图中的各种基本结构和项目七中介绍的各顺序控制梯形图的编程方法。

在梯形图中，用编程元件（如 M 和 S）代表步，当某步为活动步时，该步对应的编程元件为 ON。当该步之后的转换条件满足时，转换条件对应的触点或电路接通，因此可以将该触点或电路与代表所有前级步的编辑元件的常开触点串联，作为与转换实现的两个条件同时满足对应的电路。例如图中的转换条件为 $\overline{X5+X1}$，它的两个前级步为步 M10 和步 M11，应将逻辑表达式（X5+X1）·M10·M11 对应的触点串并联电路作为转换实现的两个条件同时满足对应的电路。在梯形图中，该电路接通时，应使代表前级步的编程元件 M10 和 M11 复位，同时使代表后续步的编程元件 M12 和 M13 置位（变为 ON 并保持）。

5. 绘制顺序功能图时的注意事项

针对绘制顺序功能图时的常见错误提出的注意事项如下：

- 两个步绝对不能直接相连，必须用一个转换将它们隔开。
- 两个转换也不能直接相连，必须用一个步将它们隔开。
- 顺序功能图中的初始步一般对应于系统等待起动的初始状态，这一步可能没有什么输出处于 ON 状态，因此有的初学者在画顺序功能图时很容易遗漏这一步。初始步是必不可少的，一方面因为该步与它的相邻步相比，从总体上说输出变量的状态各不相同；另一方面如果没有该步，无法表示初始状态，系统就无法返回停止状态。
- 自动控制系统应能多次重复执行同一工艺过程，因此在顺序功能图中一般应有由步和有向连线组成的闭环，即在完成一次工艺过程的全部操作之后，应从最后一步返回初始步，系统停留在初始状态（单周期操作），在连续循环工作方式时，将从最后一步返回下一工作周期开始运行的第一步。
- 在顺序功能图中，只有当某一步的前级步是活动的，该步才有可能变成活动步。如果用没有断电保持功能的编程元件代表各步，进入 RUN 工作方式时，它们均处于 OFF 状态，必须用初始化脉冲 M8002 的常开触点作为转换条件，将初始步预置为活动步，否则因顺序功能图中没有活动步，系统将无法工作。如果系统有自动、手动两种工作方式，顺序功能图是用来描述自动工作过程的，这时还应在系统由手动工作方式进入自动工作方式时用一个适当的信号将初始步置为活动步。

6.3.2　用 STL 指令的编程方法

1. STL 指令

步进梯形指令（Step Ladder Instruction）简称 STL 指令，FX 系列 PLC 还有一条使 STL 指令复位的 RET 指令。利用这两条指令，可以很方便地编制顺序控制梯形图程序。

STL 指令使编程者可以生成流程与顺序功能图非常接近的程序。顺序功能图中的每一步对应一小段程序，每一步与其他完全隔离开。使用者根据他的要求将这些程序段按一定的顺序组合在一起，就可以完全控制任务。这种编程方法可以节约编程的时间，并能减少编程错误。

用 FX 系列 PLC 的状态继电器编制顺序控制程序时一般应与 STL 指令一起使用。S0～S9 用于初始步，S10～S19 用于自动返回原点。使用 STL 指令的状态继电器的常开触点称为 STL 触点，它是一种"胖"触点，从图 6-7 可以看出顺序功能图与梯形图之间的对应关系，STL 触点驱动的电路块具有三个功能，即对负载的驱动处理、指定转换条件和指定转换目标。

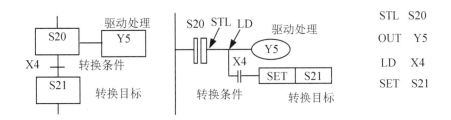

图 6-7　顺序功能图与梯形图的对应关系

STL 触点一般是与左侧母线相连的常开触点，当某一步为活动步时，对应的 STL 触点接通，它右边的电路被处理，直到下一步被激活。STL 程序区内可以使用标准梯形图的绝大多数指令和结构，包括应用指令。某一 STL 触点闭合后，该步的负载线圈被驱动。当该步后面的转换条件满足时，转换实现，即后续步对应的状态继电器被 SET 或 OUT 指令置位，后续步变为活动步，同时与原活动步对应的状态继电器被系统程序自动复位，原活动步对应的 STL 触点断开。

系统的初始步应使用初始状态继电器 S0～S9，它们应放在顺序功能图的最上面，在由 STOP 状态切换到 RUN 状态时，可用此时只 ON 一个扫描周期的初始化脉冲 M8002 来将初始状态继电器置为 ON，为以后步的活动状态的转换做好准备。需要从一步返回初始步时，应对初始状态继电器使用 OUT 指令。

2. 单序列的编程方法

图 6-8 所示为旋转工作台用凸轮和限位开关来实现运动控制。在初始状态时左限位开关 X3 为 ON，按下起动按钮 X0，Y0 变为 ON，电机驱动工作台沿顺时针正转，转到右限位开关

X4 所在位置时暂停 5s（用 T0 定时），定时时间到时 Y1 变为 ON，工作台反转，回到限位开关 X3 所在的初始位置停止转动，系统回到初始状态。

工作台一个周期内的运动由图中自下而上的 4 步组成，它们分别对应于 S0、S20、S21、S22，步 S0 是初始步。PLC 上电时进入 RUN 状态，初始化脉冲 M8002 的常开触点新闭合一个扫描周期，梯形图中第一行的 SET 指令将初始步 S0 置为活动步。

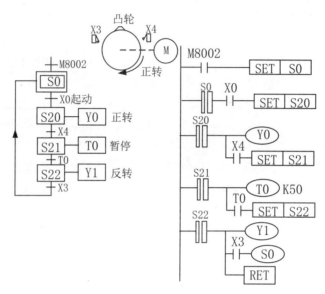

图 6-8　旋转工作台运动控制

在梯形图的第二行中，S0 的 STL 触点和 X0 的常开触点组成的串联电路代表转换实现的两个条件，S0 的 STL 触点闭合表示转换 X0 的前级步 S0 是活动步，X0 的常开触点闭合表示转换条件满足。在初始步时按下起动按钮 X0，两个触点同时闭合，转换实现的两个条件同时满足。此时置位指令 SET S20 被执行，后续步 S20 变为活动步，同时系统程序自动地将前级步 S0 复位为不活动步。

S20 的 STL 触点闭合后，该步的负载被驱动，Y0 的线圈通电，工作台正转，限位开关 X4 动作时，转换条件得到满足，下一步的状态继电器 S21 被置位，进入暂停步，同时前级步的状态继电器 S20 被自动复位，系统将这样一步一步地工作下去，在最后一步，工作台反转，系统返回限位开关 X3 所在的位置时，用 OUT S0 指令使初始步对应的 S0 变为 ON 并保持，系统返回并停止在初始步。

在梯形图的结束处，一定要使用 RET 指令才能使 LD 点回到左侧母线上，否则系统将不能正常工作。

3. 使用 STL 指令应注意的问题

（1）与 STL 触点相连的触点应使用 LD 或 LDI 指令，即 LD 点移到 STL 触点的右侧，该点成为临时母线。下一条 STL 指令的出现意味着当前 STL 程序区的结束和新的 STL 程序区的开始。RET 指令意味着整个 STL 程序区的结束，LD 点返回左侧母线。各 STL 触点驱动的电路一般放在一起，最后一个 STL 电路结束时一定要使用 RET 指令，否则将出现"程序错误"信息，PLC 不能执行用户程序。

（2）STL 触点可以直接驱动或通过别的触点驱动 Y、M、S、T 等元件的线圈和应用指令。STL 触点右边不能使用入栈（MPS）指令。

（3）由于 CPU 只执行活动对应的电路块，使用 STL 指令时允许双线圈输出，即不同的 STL 触点可以分别驱动同一编程元件的一个线圈。但是同一元件的线圈不能在可能同时为活动步的 STL 区内出现，在有并行序列的顺序功能图中应特别注意这一问题。

（4）在步的活动状态的转换过程中，相邻两步的状态继电器会同时 ON 一个扫描周期，可能会引发瞬间的双线圈问题。为了避免不能同时接通的两个输出（如控制异步电动机正反转的交流接触器线圈）同时动作，除了在梯形图中设置软件互锁电路外，还应在 PLC 外部设置由常闭触点组成的硬件互锁电路。

定时器在下一次运行之前，首先应将它复位。同一定时器的线圈可以在不同的步使用，但是如果用于相邻的两步，在步的活动状态转换时，该定时器的线圈不能断开，当前值不能复位，将导致定时器的非正常运行。

（5）OUT 指令与 SET 指令均可用于步的活动状态的转换，将原来的活动步对应的状态寄存器复位，此外还有自保持功能。SET 指令用于将 STL 状态继电器置位为 ON 并保持，以激活对应的步。如果 SET 指令在 STL 区内，一旦当前的 STL 步被激活，原来的活动步对应的 STL 线圈被系统程序自动复位。SET 指令一般用于驱动状态继电器的元件号比当前步的状态继电器元件号大的 STL 步。在 STL 区内的 OUT 指令用于顺序功能图中的闭环和跳步，如果想跳回已经处理过的步或向前跳过若干步，可对状态继电器使用 OUT 指令（如图 6-9 所示）。OUT 指令还可以用于远程跳步，即从顺序功能图中的一个序列跳到另一个序列（如图 6-9 所示）。以上情况虽然可以使用 SET 指令，但最好使用 OUT 指令。

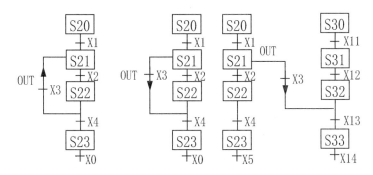

图 6-9 STL 区内的 OUT 指令应用

（6）STL 指令不能与 MC-MCR 指令一起使用。在 FOR-NEXT 结构、子程序和中断程序中，不能有 STL 程序块，STL 程序块不能出现在 FEND 指令之后。STL 程序块中可使用最多 4 级嵌套的 FOR-NEXT 指令，虽然并不禁止在 STL 触点驱动的电路块中使用 CJ 指令，但是可能引起附加的和不必要的程序流程混乱。为了保证程序易于维护和快速查错，建议不要在 STL 程序中使用跳步指令。

（7）并行序列或选择序列中分支处的支路数不能超过 8 条，总的支路数不能超过 16 条。

（8）在转换条件对应的电路中，不能使用 ANB、ORB、MPS、MRD 和 MPP 指令。可用转换条件对应的复杂电路来驱动辅助继电器，再用后者的常开触点来作转换条件。

（9）与条件跳步指令（CJ）类似，CPU 不执行处于断开状态的 STL 触点驱动的电路块中的指令，在没有并行序列时，同时只有一个 STL 触点接通，因此使用 STL 指令可以显著地缩短用户程序的执行时间，提高 PLC 的输入、输出响应速度。

（10）M2800～M3071 是单操作标志，当图 6-10 中 M2800 的线圈通电时，只有它后面第一个 M2800 的边沿检测触点（2 号触点）能工作，而 M2800 的 1 号和 3 号脉冲触点不会动作。M2800 的 4 号触点是使用 LD 指令的普通触点，M2800 的线圈通电时，该触点闭合。

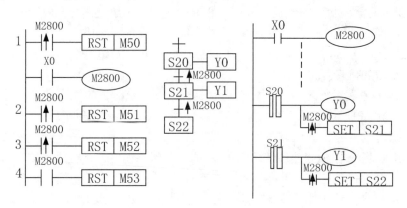

图 6-10　单操作标志应用

借助单操作标志可以用一个转换条件实现多次转换。在图 6-10 中，当 S20 为活动步，X0 的常开触点闭合时，M2800 的线圈通电，M2800 的第一个上升沿检测触点闭合一个扫描周期，实现了步 S20 到步 S21 的转换。X0 的常开触点下一次由断开变为接通时，因为 S20 是不活动步，没有执行图中的第一条 LDP M2800 指令，S21 步的 STL 之后的触点是 M2800 的线圈之后遇到的它的第一个上升沿检测触点，所以该触点闭合一个扫描周期，系统由步 S21 转换到步 S22。

6.4　项目任务实施

1．工作原理分析

根据控制要求可以画出该混合装置的 PLC 控制工作流程图，如图 6-11 所示。

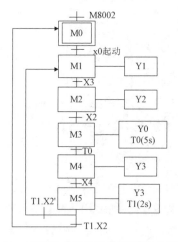

图 6-11　液体混合搅拌机装置顺序功能图

2. 输入与输出点分配

根据以上分析可知，输入信号有 SB1、SB2 和 3 个液位传感器 SL1、SL2、SL3；输出信号有电动机接触器 KM0 和 3 个电磁阀线圈 YV1、YV2、YV3。确定它们与 PLC 中的输入继电器和输出继电器的对应关系可得 PLC 控制系统的 I/O 端口地址分配表，如表 6-2 所示。

表 6-2　PLC 控制系统的 I/O 端口地址分配表

输入			输出		
设备名称	代号	输入点编号	设备名称	代号	输出点编号
起动按钮	SB1	X0	电动机接触器	KM0	Y0
停止按钮	SB2	X1	电磁阀线圈	YV1	Y1
高液位	SL1	X2	电磁阀线圈	YV2	Y2
中液位	SL2	X3	电磁阀线圈	YV3	Y3
低液位	SL3	X4			

3. PLC 接线示意图

根据 PLC 控制系统 I/O 端口地址分配表可以画出 PLC 的外部接线示意图，如图 6-12 所示。

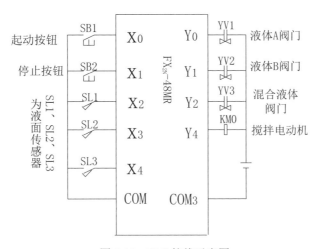

图 6-12　PLC 接线示意图

4. 梯形图程序设计

用 STL 步进指令编写的梯形图程序略。

5. 运行并调试程序

在作为编程器的计算机上运行 GX Developer 或 SWOPC-FXGP/WIN-C 编程软件，创建新文件，选择 PLC 的类型为 FX2N。

（1）将梯形图程序或指令程序输入到计算机中，然后按 F4 键转换程序。

（2）使用专用通信电缆 RS-232/RS-422 转换器将 PLC 的编程接口与计算机的 COM 口相连。执行 PLC→"传送"→"写出"命令将程序文件下载到 PLC 中，若出现通信错误窗口，请检查电源是否打开，确认 PLC 和计算机的 RS-232 串口通信无误。

（3）调试系统。将 PLC 的 RUN/STOP 开关拨到 RUN 位置，然后通过软件中的"监控/

测试"监控程序的执行情况，并观察 PLC 面板运行指示灯是否点亮。按下起动按钮，对程序进行调试运行，观察程序的运行情况。若出现故障，应分别检查硬件电路接线和梯形图是否有误，修改后应重新调试，直至系统按要求正常工作。

（4）记录程序调试的结果。

学习任务单卡 7

班级：_____　学号：_____　姓名：_____　实训日期：

课程信息	课程名称	教学单元	本次课训练任务	学时	实训地点
	PLC 应用技术	液位搅拌机的 PLC 控制	任务 1 液位搅拌机 PLC 控制的编程	2	PLC 实训室
			任务 2 液位搅拌机的 PLC 控制的实现	2	
任务描述	掌握顺序控制设计法，能设计单序列控制系统的顺序功能图，能用步进顺控指令编程，能较熟练地分配 I/O 端口，设计其系统接线图，并实现液位搅拌机控制系统的 PLC 控制。				
学做过程记录	任务 1 液位搅拌机控制系统 PLC 控制的编程 实训步骤： 1. FX 系列 PLC 仅有两条步进顺控指令，其中 STL 是_____指令，以使该状态的负载_____；RET 是_____指令，也叫_____指令，使 STL 指令_____。 A. 步进开始　　B. 置位　　C. 复位　　D. 步进结束　　E. 步进返回 2. 用 FX 系列 PLC 的状态 S 编制顺序控制程序时，一般应与_____指令一起使用。_____用于初始步，_____用于自动换回原点。 A. RET　　　B. STL　　　C. S10～S19　　　D. S0～S9　　　E. S20～S29 3. 控制要求：按下起动按钮 SB1，装置投入运行时，液体 A、B 阀门关闭，排液阀门打开 3s 将容器放空后关闭。液体 A 阀门打开，液体 A 流入容器。当液面到达 SL2 时，SL2 接通，关闭液体 A 阀门，打开液体 B 阀门。液面到达 SL1 时，关闭液体 B 阀门，搅动电机开始搅动。搅动电机工作5s 后停止搅动，混合液体阀门打开，开始放出混合液体。当液面下降到 SL3 时，SL3 由接通变为断开，再过 2s 后，容器放空，混合液阀门关闭，开始下一周期。停止操作：在当前的混合液操作处理完毕后，按下停止按钮 SB1，停止操作。 根据控制要求分配 PLC 的 I/O 端口，根据系统控制要求设计顺序功能图。				

学做过程记录	用步进顺控 STL 指令的编程方法编写液位搅拌机控制系统 PLC 控制的程序。
	任务 2 液位搅拌机 PLC 控制的实现
	1. 根据系统控制要求和其 PLC 的 I/O 分配接线。 【教师现场评价：完成□，未完成□】 2. 将编写的 PLC 程序输入 PLC，调试实现液位搅拌机 PLC 控制。 【教师现场评价：完成□，未完成□】
学生自我评价	A. 基本掌握　　B. 大部分掌握　　C. 掌握一小部分　　D. 完全没掌握　　　选项（　　　　　）
学生建议	

6.5　知识拓展：使用起保停电路的编程方法

图 6-2 所示液位自动搅拌机控制系统的工作流程图表明该系统是一个顺序控制过程，根据系统的顺序功能图设计出梯形图的方法称为顺序控制功能图的编程方法。目前常用的编程方法有 3 种，即使用起保停电路的编程方法、使用 STL 指令的编程方法、以转换为中心的编程方法。用户可以自行选择编程方法将顺序功能图改画成梯形图。在此介绍利用起保停电路由顺序功能图画出梯形图的编程方法。

起保停电路仅使用与触点和线圈有关的指令，任何一种 PLC 的指令系统都有这一类指令，因此这是一种通用的编程方法，可用于任意型号的 PLC。

利用起保停电路由顺序功能图画出梯形图，要从步的处理和输出电路两方面来考虑。

1. 步的处理

用辅助继电器 M 来代表步，某一步为活动步时，对应的辅助继电器为 ON 状态，某一转换实现时，该转换的后续步变为活动步，前级步变为不活动步。由于很多转换条件都是短信号，即它存在的时间比它激活后续步为活动步的时间短，因此应使用有记忆（或称保持）功能的电路（如起保停电路和置位/复位指令组成的电路）来控制代表步的辅助继电器。

如图 6-13（a）所示的步 M(i-1)、M(i)、M(i+1)是顺序功能图中顺序相连的 3 步，X(i)是步 M(i)之前的转换条件。设计起保停电路的关键是找出它的起动条件和停止条件。转换实现的条件是它的前级步为活动步，并且满足相应的转换条件，所以步 M(i)变为活动步的条件是它的前级步 M(i-1)为活动步，且转换条件 X(i)=1。在起保停电路中，应将前级步 M(i-1)和转换条件 X(i)对应的常开触点串联，作为控制 M(i)的起动电路。

当 M(i)和 X(i+1)均为 ON 时，步 M(i+1)变为活动步，这时步 M(i)应变为不活动步，因此可以将 M(i+1)=1 作为使辅助继电器 M(i)变为 OFF 的条件，即将后续步 M(i+1)的常闭触点与 M(i)的线圈串联，作为起保停电路的停止电路。如图 6-13（b）所示的梯形图可以用逻辑代数表示为：

$$M(i)=M(i-1) \cdot X(i)+M(i) \cdot M(i+1)$$

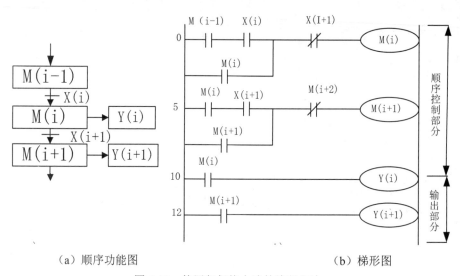

（a）顺序功能图　　　　　　　　　　　（b）梯形图

图 6-13　使用起保停电路的编程方法

图 6-13（b）中所示的常闭触点 X(i+1)取代了常闭触点 M(i+1)。但是，当转换条件由多个信号经逻辑"与、或、非"运算组合而成时，应将它的逻辑表达式求反，再将对应的触点串并联电路作为起保停电路的停止电路。但这样不如使用后续步 M(i+1)的常闭触点简单方便。

采用起保停电路编程方法进行编程时，相应步成为活动步和成为非活动步的条件在一个梯级中实现。该步相应的命令或动作则安排在该梯级之后，或集中安排在输出段。

2. 输出电路

由于步是根据输出量的状态变化划分的，它们之间的关系极为简单，可以分为两种情况来处理：

（1）如果某一输出量仅在某一步中为 ON 时，一种方法是将它们的线圈分别与对应的辅助继电器的常开触点串联；另一种方法是将它们的线圈分别与对应步的辅助继电器的线圈并联。

有些人会认为，既然如此，不如用这些输出继电器来代表该步。这样做可以节省一些编程器件，但是辅助继电器是完全够用的，多用一些不会增加硬件费用，在设计和输入程序时也不会花费很多时间。全部用辅助继电器来代表步具有概念清楚、编程规范、梯形图易于阅读和查错的优点。

（2）某一输出继电器在几步中都为 ON 时，应将代表各有关步的辅助继电器的常开触点并联后驱动该输出继电器的线圈。

3．注意事项

绘制顺序功能图时应注意以下事项：

（1）两个步绝对不能直接相连，必须用一个转换将它们隔开。

（2）两个转换也不能直接相连，必须用一个步将它们隔开。

（3）一个顺序功能图至少有一个初始步。初始步一般对应于系统等待起动的初始状态，初始步可能没有任何输出动作，但初始步是必不可少的。

（4）自动控制系统应能多次重复执行同一工艺过程，因此在顺序功能图中一般应有由步和有向连线组成的闭环，即在完成一次工艺过程的全部操作之后，应从最后一步返回初始步，系统停留在初始状态（单周期操作），在连续循环工作方式时，将从最后一步返回下一工作周期开始运行的第一步。

（5）在顺序功能图中，只有当某一步的前级步是活动步时，该步才有可能变成活动步。如果用没有断电保持功能的编程器件代表各步，进入 RUN 工作方式时，它们均处于 OFF 状态，必须用初始化脉冲 M8002 作为转换条件将初始步预置为活动步（如图 6-14 所示），否则因顺序功能图中没有活动步，系统将无法工作。如果系统由自动、手动工作方式进入自动工作方式时，用一个适当的信号将初始步置为活动步。

6.6　思考与练习

1．连续循环工作方式的顺序功能图的设计。

从图 6-14 所示的顺序功能图可知，小车在完成一次工艺过程的全部操作之后，从最后一步返回初始步，然后停留在初始状态单周期操作。试设计一个具有连续循环工作方式的小车往复运动控制的顺序功能图。

2．带有存储型命令的顺序功能图的设计。

在机械加工中经常使用冲床，某冲床机械运动示意图如图 6-15 所示。初始状态时机械手在最左边，X004 为 ON；冲头在最上面，X003 为 ON；机械手松开时，Y000 为 OFF。按下起动按钮 X000，Y000 变为 ON，工件被夹紧并保持，2s 后 Y001 被置位，机械手右行，直到碰到 X001，以后将顺序完成以下动作：冲头下行、冲头上行、机械手左行、机械手松开、延时 1s 后系统返回初始状态。

分析图 6-15 可以发现，工件在整个工作周期都处于夹紧状态，一直到完成冲压后才松开工件，这种命令动作为存储型命令。在顺序功能图中说明存储型命令时可在命令或动作的前面加修饰词，例如"R""S"。使用动作的修饰词（如表 6-3 所示）可以在一步中完成不同的动作，修饰词允许在不增加逻辑的情况下控制动作。

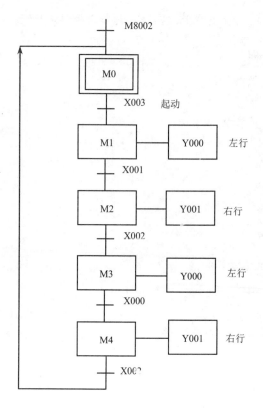

图 6-14 冲床机械手控制的顺序功能图

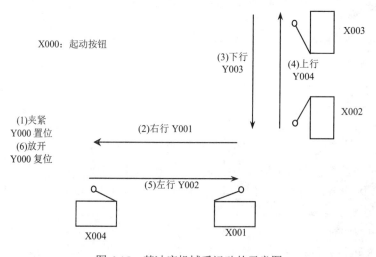

图 6-15 某冲床机械手运动的示意图

冲床机械手的运动周期划分为 7 步，依次分别为初始步、工件夹紧、机械手右行、冲头下行、冲头上行、机械手左行和工件松开，用 M0~M6 表示。各限位开关、按钮和定时器提供的信号是各步之间的转换条件。由此可以画出顺序功能图，如图 6-16 所示。

表 6-3 动作的修饰词

修饰词	功能	说明
N	非存储型	当步变为不活动步时动作终止
S	置位（存储）	当步变为不活动步时动作继续，直到动作被复位
R	复位	由被修饰词 S、SD、SL 或 DS 起动的动作被终止
L	时间限制	步变为活动步时动作被起动，直到步变为不活动步或设定时间到
D	时间延迟	步变为活动步时延迟定时器被起动，如果延迟之后步仍然是活动的，动作被起动和继续，直到步变为不活动步
P	脉冲	当步变为活动步，动作被起动并且只执行一次
SD	存储与时间延迟	在时间延迟之后动作被起动，一直到动作被复位
DS	延迟与存储	在延迟之后如果步仍然是活动的，动作被起动直到被复位
SL	存储与时间限制	步变为活动步时动作被起动，一直到设定的时间到或动作被复位

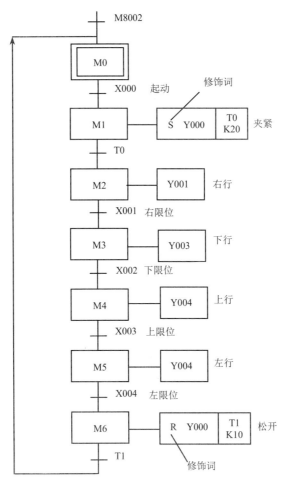

图 6-16 冲床机械手控制的顺序功能图

试用起保停电路的编程方法将图 6-16 所示的顺序功能图转换为梯形图。

3．图6-17所示为机床动力头的工作示意图，请绘制顺序功能图并用起保停电路的编程方法将其转换为梯形图。

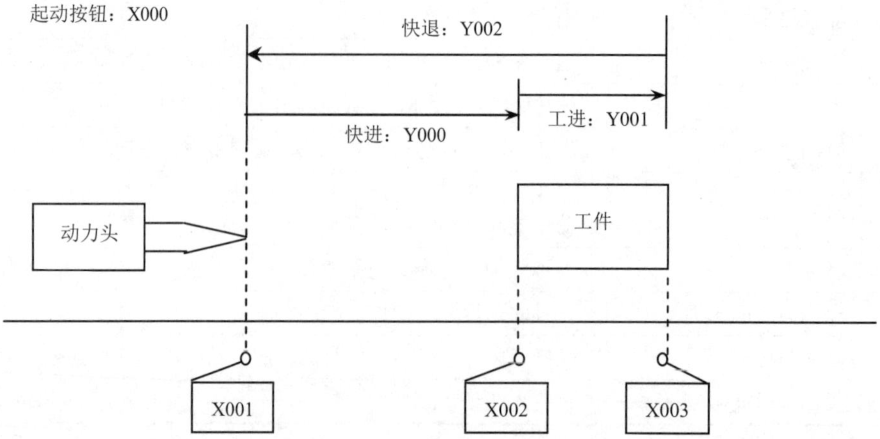

图6-17 机床动力头的工作示意图

4．将图6-18所示的运料小车单周期工作方式的顺序功能图改成连续循环工作方式的顺序功能图。

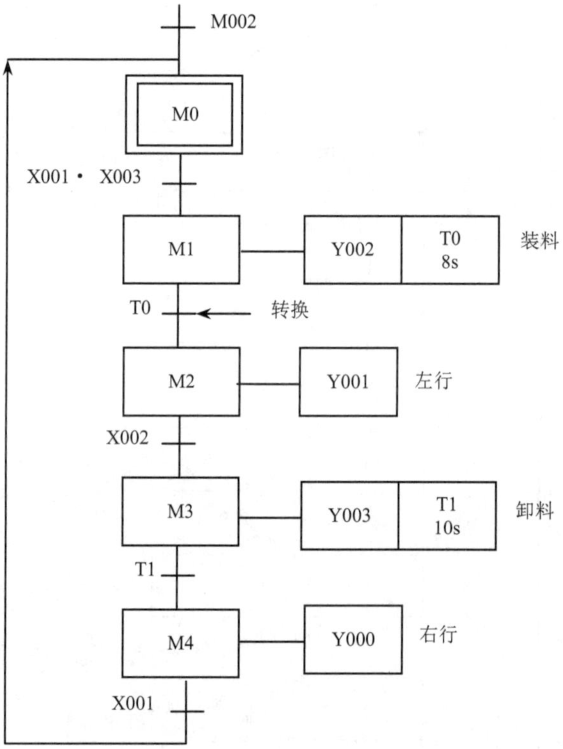

图6-18 送料小车的顺序功能图

5．一组彩灯由"团结、勤奋、求实、创新"4组字型灯构成，要求4组灯轮流各亮5s后，停2s，再4组灯齐亮5s，然后全部灯熄灭2s后再循环。试绘制顺序功能图。

项目七 机械手控制系统的 PLC 控制

7.1 项目训练目标

1. 能力目标
（1）能设计选择序列控制系统的顺序功能图。
（2）能用步进顺控指令编程。
（3）能较熟练分配 I/O 端口，设计其系统接线图并实现机械手控制系统的 PLC 控制。
2. 知识目标
理解和掌握选择分支及汇总 PLC 顺序控制。

7.2 项目训练任务

1. 控制要求

搬运机械手的动作示意图如图 7-1 所示，它是一个水平/垂直位移的机械设备。设计一个 PLC 控制系统，用来将工件由左工作台搬到右工作台。

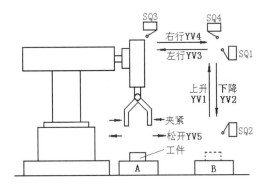

图 7-1 搬运机械手的动作示意图

机械手的全部动作均由气缸驱动，而气缸又由相应的电磁阀控制。其中，上升/下降和左移/右移分别由双线圈两位置电磁阀控制。例如，当下降电磁阀通电时，机械手下降；当下降电磁阀断电时，机械手下降停止。只有当上升电磁阀通电时，机械手才上升；当上升电磁阀断电时，机械手上升停止。同样，左移/右移分别由左移电磁阀和右移电磁阀控制。机械手的放松/夹紧由一个单线圈两位置电磁阀（称为夹紧电磁阀）控制。当该线圈断电时，机械手放松。

2. 机械手的动作过程

机械手的动作过程如图 7-2 所示。从原点开始按下起动按钮时，下降电磁阀通电，机械手开始下降。下降到底时，碰到下限位开关，下降电磁阀断电，下降停止；同时接通夹紧电磁阀，机械手夹紧。夹紧后，上升电磁阀通电，机械手上升；上升到顶时，碰到上限位开关，上升电磁阀断电，上升停止；同时接通右移电磁阀，机械手右移。右移到位时，碰到右移极限位开关，右移电磁阀断电，右移停止。此时，右工作台上无工件，则光电开关接通，下降电磁阀接通，机械手下降。下降到底时碰到下限位开关，下降电磁阀断电，下降停止；同时夹紧电磁阀断电，机械手放松。放松后，上升电磁阀通电，机械手上升，上升到顶时碰到上限位开关，上升电磁阀断电，上升停止；同时接通左移电磁阀，机械手左移。左移到原点时，碰到左限位开关，左移电磁阀断电，左移停止。至此，机械手经过八步动作完成一个循环（下降→夹紧→上升→右移→下降→放松→上升→左移）。

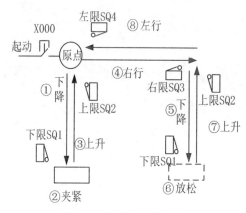

图 7-2　机械手动作过程

3. 工作原理分析

根据控制要求可以画出该机械手装置的 PLC 控制工作流程图，如图 7-3 所示。

图 7-3　机械手装置流程图

4. 输入/输出点分配

通过以上分析分配 PLC 的 I/O 点给输入/输出设备，填入表 7-1。

表 7-1　PLC 控制系统输入/输出（I/O）端口分配表

输入信号			输出信号		
名称	代号	输入点编码	名称	代号	输出点编码

5. PLC 接线示意图

根据分配的 I/O 点和输出驱动负载的情况绘制图 7-4 所示的 PLC 接线图。

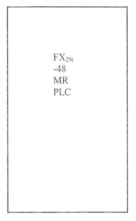

图 7-4 PLC 端子分配（I/O）接线图

（1）根据 PLC 外部接线图正确连接机械手实训装置。

（2）打开 GX Developer 软件，编写传送带 PLC 控制梯形图并下载至 PLC。

（3）PLC 运行开关拨至停止状态，进行 PLC 模拟调试。操作起动按钮，观察 PLC 的输出指示灯是否按要求指示。若输出有误，检查并修改程序，直至指示正确。

6. 思考与练习

（1）什么是选择序列？

（2）选择序列功能图如何转换成梯形图？

7.3 相关知识点

1. 选择序列结构形式的顺序功能图

顺序过程进行到某步，若该步后面有多个转移方向，而当该步结束后只有一个转换条件被满足以决定转移的去向，即只允许选择其中的一个分支执行，这种顺序控制过程的结构就是选择序列结构。

选择序列有开始和结束之分。选择序列的开始称为分支，各分支画在水平单线之下，各分支中表示转换的短划线只能画在水平单线之下的分支上。选择序列的结束称为合并，选择序列的合并是指几个选择分支合并到一个公共序列上，各分支也都有各自的转换条件。各分支画在水平单线之上，各分支中表示转换的短划线只能画在水平单线之上的分支上。

图 7-5（a）所示为选择序列的分支。假设步 4 为活动步，如果转换条件 a 成立，则步 4 向步 5 实现转换；如果转换条件 b 成立，则步 4 向步 7 转换；如果转换条件 c 成立，则步 4 向步 9 转换。分支中一般只允许选择其中一个序列。图 7-5（b）所示为选择序列的合并。无论哪个分支的最后一步成为活动步，当转换条件满足时，都要转向步 11：如果步 6 为活动步，转换条件 d 成立，则由步 6 向步 11 转换；如果步 8 为活动步，转换条件 e 成立，则由步 8 向步 11 转换；如果步 10 为活动步，转换条件 f 成立，则由步 10 向步 11 转换。

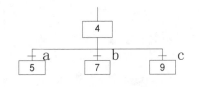
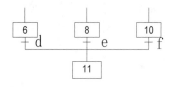

（a）选择序列的分支　　　　　　　　　　　（b）选择序列的合并

图 7-5　选择序列结构

2. 选择性分支的编程

当某个状态的转移条件超过一个时，需要用选择性分支编程。与一般状态编程一样，先进行驱动处理，然后设置转移条件，编程时要由左至右逐个编程，如图 7-6 所示。

图 7-6　选择性分支的编程

3. 选择性汇合编程

如图 7-7 所示，设三个分支分别编审到状态 S29、S39、S49 时，汇合到状态 S50，其用户程序编制时，先进行汇合前状态的输出处理，然后向汇合状态转移，此后由左至右进行汇合转移，这是为了自动生成 SFC 画面而追加的规则。

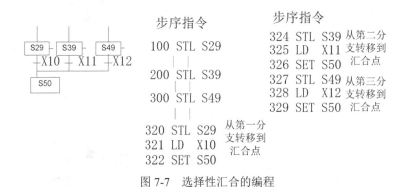

图 7-7　选择性汇合的编程

分支、汇合的转移处理程序中，不能用 MPS、MRD、MPP、ANB、ORB 指令。

7.4　项目任务实施

1. 工作原理分析

根据控制要求可以画出该机械手装置的 PLC 控制顺序功能图，如图 7-8 所示。

2. 输入与输出点分配

通过以上分析可得 PLC 控制系统的输入/输出（I/O）端口分配，如表 7-2 所示。

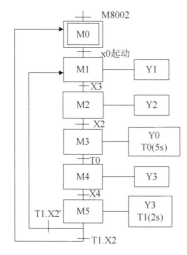

图 7-8　机械手装置顺序功能图

表 7-2　PLC 控制系统输入/输出（I/O）端口分配表

输入信号			输出信号		
名称	代号	输入点编码	名称	代号	输出点编码
起动	SB1	X0	原点指示		Y0
停止	SB2	X1	上升	YV1	Y1
上限位	SQ1	X2	下降	YV2	Y2
下限位	SQ2	X3	右移	YV3	Y3
左限位	SQ3	X4	左移	YV4	Y4
右限位	SQ4	X5	夹紧	YV5	Y5

3. PLC 接线示意图

根据 PLC 控制系统 I/O 端口地址分配表可以画出 PLC 的外部接线示意图，如图 7-9 所示。

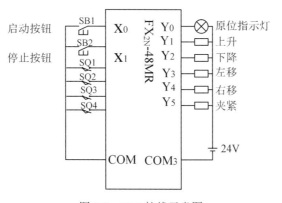

图 7-9　PLC 接线示意图

4. 梯形图程序设计

用 STL 步进指令编写的梯形图程序略。

5. 运行并调试程序

（1）在作为编程器的计算机上运行 GX Developer 或 SWOPC-FXGP/WIN-C 编程软件，创建新文件，选择 PLC 的类型为 FX2N。

（2）将梯形图程序或指令程序输入到计算机中，然后按 F4 键转换程序。

（3）使用专用通信电缆 RS-232/RS-422 转换器将 PLC 的编程接口与计算机的 COM 口相连。执行 PLC→"传送"→"写出"命令将程序文件下载到 PLC 中，若出现通信错误窗口，请检查电源是否打开，确认 PLC 和计算机的 RS-232 串口通信无误。

（4）调试系统。将 PLC 的 RUN/STOP 开关拨到 RUN 位置，然后通过软件中的"监控/测试"监控程序的执行情况，并观察 PLC 面板运行指示灯是否点亮。按下起动按钮，对程序进行调试运行，观察程序的运行情况。若出现故障，应分别检查硬件电路接线和梯形图是否有误，修改后应重新调试，直至系统按要求正常工作。

（5）记录程序调试的结果。

学习任务单卡 8

班级：＿＿＿＿＿＿＿　学号：＿＿＿＿＿＿＿　姓名：＿＿＿＿＿＿＿　实训日期：＿＿＿＿＿＿＿

课程信息	课程名称	教学单元	本次课训练任务	学时	实训地点
	PLC 应用技术	机械手控制系统的 PLC 控制	任务 1 机械手控制系统的 PLC 控制的编程	2	PLC 实训室
			任务 2 机械手控制系统的 PLC 控制的实现	2	
任务描述	掌握顺序控制设计法，能设计选择序列控制系统的顺序功能图，能用步进顺控指令编程，能较熟练地分配 I/O 端口，设计其系统接线图，并实现机械手控制系统的 PLC 控制。				
学做过程记录	任务 1 机械手控制系统 PLC 控制的编程				

控制要求：从原点开始按下起动按钮时，下降电磁阀通电，机械手开始下降。下降到底时，碰到下限位开关，下降电磁阀断电，下降停止；同时接通夹紧电磁阀，机械手夹紧。夹紧后，上升电磁阀通电，机械手上升；上升到顶时碰到上限位开关，上升电磁阀断电，上升停止；同时接通右移电磁阀，机械手右移。右移到位时碰到右移极限位开关，右移电磁阀断电，右移停止。此时，右工作台上无工件，则光电开关接通，下降电磁阀接通，机械手下降。下降到底时碰到下限位开关，下降电磁阀断电，下降停止；同时夹紧电磁阀断电，机械手放松。放松后，上升电磁阀通电，机械手上升，上升到顶时碰到上限位开关，上升电磁阀断电，上升停止；同时接通左移电磁阀，机械手左移。左移到原点时碰到左限位开关，左移电磁阀断电，左移停止。至此，机械手经过八步动作完成一个循环（下降→夹紧→上升→右移→下降→放松→上升→左移），如图 1 所示。

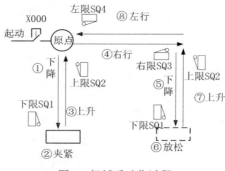

图 1　机械手动作过程

实训步骤:

1. 根据控制要求分配 PLC 的 I/O 端口,根据系统控制要求设计顺序功能图。

2. 用步进顺控 STL 指令的编程方法编写机械手控制系统 PLC 控制的程序。

任务 2 机械手控制系统 PLC 控制的实现

1. 根据系统控制要求和其 PLC 的 I/O 分配接线。

【教师现场评价: 完成□, 未完成□】

2. 将编写的 PLC 程序输入 PLC, 实现机械手控制系统 PLC 控制。

【教师现场评价: 完成□, 未完成□】

学生自我评价	A. 基本掌握　　B. 大部分掌握　　C. 掌握一小部分　　D. 完全没掌握　　选项 (　　　　)
学生建议	

7.5　知识拓展：用起保停电路实现选择序列的编程方法

1. 选择序列的分支的编程方法

如果某一步的后面有一个由 N 条分支组成的选择序列，该步可能转换到不同的 N 步去，应将这 N 个后续步对应的辅助继电器的常闭触点与该步的线圈串联，作为接触该步的条件。如图 7-10 所示，M5 之后有一个选择序列的分支，当它的后续步 M0、M1 变为活动步时，它应变为不活动步，此时只需将 M0 和 M1 的常闭触点与 M5 的线圈串联，如图 7-11 所示。

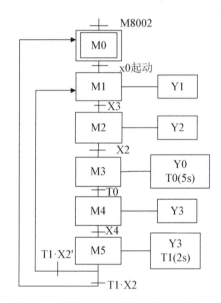

图 7-10　液体混合搅拌机顺序功能图

2. 选择序列合并的编程方法

对于选择序列的合并，如果某一步之前有 N 个转换（即有 N 条分支在该步之前合并后进入该步），则代表该步的辅助继电器的起动电路由 N 条支路并联而成，各支路由某一前级步对应的辅助继电器的常开触点与相应转换条件对应的触点或电路串联而成。

在图 7-12（a）中，步 M4 之前有一个选择序列的合并，当步 M1 为活动步并且转换条件 X1 满足，或步 M2 为活动步，并且转换条件 X2 满足，或步 M3 为活动步，并且转换条件 X3 满足时，步 M4 都应变为活动步，即控制 M4 的起保停电路的起动条件应为 M1·X1+M2·X2+M3·X3，对应的起动电路由三条并联支路组成，每条支路分别由 M1、X1 和 M2、X2 以及 M3、X3 常开触点串联而成，如图 7-12（b）所示。

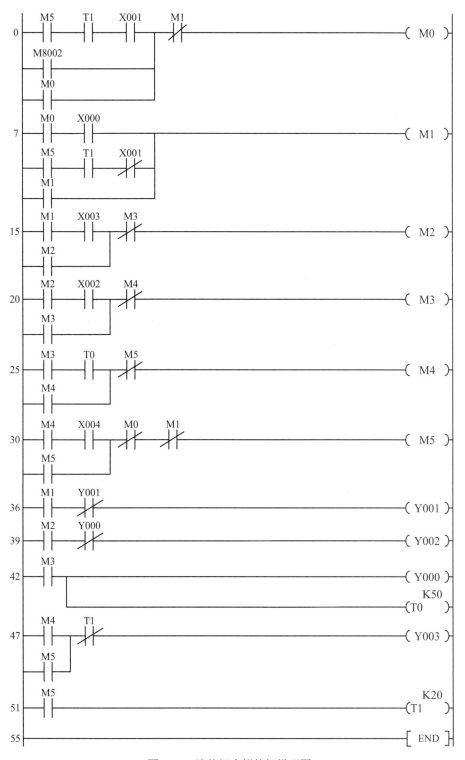

图 7-11 液体混合搅拌机梯形图

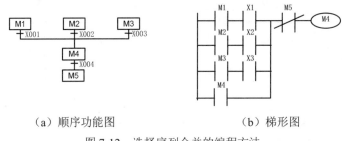

（a）顺序功能图　　　　　　　　　　（b）梯形图

图 7-12　选择序列合并的编程方法

7.6　项目拓展：交通灯装置的编程与调试（仿真）

FX-TRN-BEG-C 软件界面，如图 7-13 所示。

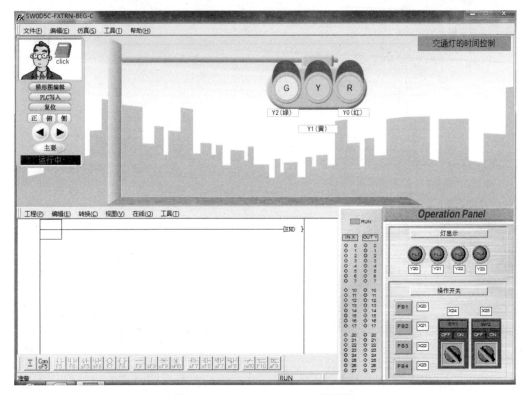

图 7-13　FX-TRN-BEG-C 软件界面

1. 交通灯设计要求

按起动按钮，红灯亮 8s 后熄灭，绿灯开始亮，8s 后绿灯闪亮 3 次（灭 1s、亮 1s）熄灭，黄灯亮 3s 后，黄灯灭红灯亮，如此循环，按停止按钮所有灯灭。

2. 元件分配表（如表 7-3 所示）

表 7-3　元件分配表

输入			输出		
设备名称	操作开关	输入点编号	设备名称	输出点编号	
起动按钮	PB1	X20	红灯	Y0	
停止按钮	PB2	X21	黄灯	Y1	
			绿灯	Y2	

3. 参考程序（略）

7.7　思考与练习

1. 用步进顺控指令来实现多台电动机顺序起停控制。控制要求为：现有 4 台电动机，起动顺序为：M1 起动 2s 后起动 M2，M2 起动 3s 后起动 M3，M3 起动 4s 后起动 M4；停止顺序为：M4 首先停止，M4 停止 4s 后 M3 停止，M3 停止 3s 后 M2 停止，M2 停止 2s 后，M1 停止。

2. 用选择序列方式编写交通灯程序。

项目八　十字路口交通灯 PLC 控制

8.1　项目训练目标

1. 能力目标
（1）能设计并行序列控制系统的顺序功能图。
（2）能用步进顺控指令编程。
（3）能较熟练分配 I/O 端口，设计其系统接线图并十字路口交通灯的 PLC 控制。
2. 知识目标
理解和掌握并行分支及汇总 PLC 顺序控制。

8.2　项目训练任务

1. 控制要求
设置一个起动按钮 SB1、停止按钮 SB2。按下起动按钮：
（1）南北绿灯和东西绿灯不能同时亮。如果同时亮应关闭信号灯系统，并立即报警。
（2）南北红灯亮维持 25s。在南北红灯亮的同时东西绿灯也亮，并维持 20s。20s 时，东西绿灯闪亮，闪亮 3s 后熄灭。在东西绿灯熄灭时，东西黄灯亮，并维持 2s。到 2s 时，东西黄灯熄灭，东西红灯亮。同时，南北红灯熄灭，南北绿灯亮。
（3）东西红灯亮维持 30s。南北绿灯亮维持 25s，然后闪亮 3s，再熄灭。同时南北黄灯亮，维持 2s 后熄灭，这时南北红灯亮，东西绿灯亮。
（4）周而复始，循环往复。
按下停止按钮，灯全灭。
2. 输入与输出点分配
根据以上分析确定 PLC 控制系统的 I/O 端口地址分配表，填入表 8-1。

表 8-1　PLC 控制系统的 I/O 端口地址分配表

输入			输出		
设备名称	代号	输入点编号	设备名称	代号	输出点编号

3. PLC 接线示意图

根据 PLC 控制系统 I/O 端口地址分配表画出 PLC 的外部接线示意图，如图 8-1 所示。

FX₂ₙ
-48
MR
PLC

图 8-1　PLC 接线示意图

4. 程序编写及运行调试

（1）根据 PLC 外部接线图正确连接交通灯实训装置。

（2）打开 GX Developer 软件，编写交通灯 PLC 控制梯形图并下载至 PLC。

（3）PLC 运行开关拨至停止状态，进行 PLC 模拟调试。操作起动按钮，观察 PLC 的输出指示灯是否按要求指示。若输出有误，检查并修改程序，直至指示正确。

（4）给交通灯通电，进行 PLC 运行调试。操作起动按钮，观察交通灯是否按要求指示。若输出有误，检查并修改程序，直至指示正确。

5. 思考与练习

（1）什么是并行序列？

（2）并行序列功能图如何转换成梯形图？

8.3　相关知识点

1. 并行序列结构形式的顺序功能图

顺序过程进行到某步，若该步后面有多个分支，而当该步结束后，若转移条件满足，则同时开始所有分支的顺序动作，若全部分支的顺序动作同时结束后汇合到同一状态，这种顺序控制过程的结构就是并行序列结构。

并行序列也有开始和结束之分。并行序列的开始称为分支，并行序列的结束称为合并。图 8-2（a）所示为并行序列的分支。它是指当转换实现后将同时使多个后续步激活，每个序列中活动步的进展将是独立的。为了区别于选择序列顺序功能图，强调转换的同步实现，水平连线用双线表示，转换条件放在水平双线之上。如果步 3 为活动步，且转换条件 e 成立，则步 4、6、8 同时变成活动步，而步 3 变为不活动步。当步 4、6、8 被同时激活后，每一序列接下来的转换将是独立的。

图 8-2（b）所示为并行序列的合并。用双线表示并行序列的合并，转换条件放在水平双线之下。当直接连在水平双线上的所有前级步 5、7、9 都为活动步时，步 5、7、9 的顺序动作全部执行完成后，且转换条件 d 成立，才能使转换实现。即步 10 变为活动步，而步 5、7、9 同时变为不活动步。

顺序功能指令编程方式在上一个任务中已经做了介绍，在这里不再赘述。

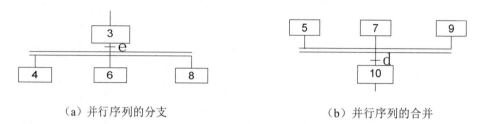

（a）并行序列的分支　　　　　　　　（b）并行序列的合并

图 8-2　并行序列结构

2. 并行分支编程

如果某个状态的转换条件满足，在将该状态置 0 的同时，需要将若干状态置 1，即有几个状态同时工作。这时，可采用并行分支的编程方法，其用户程序如图 8-3 所示。

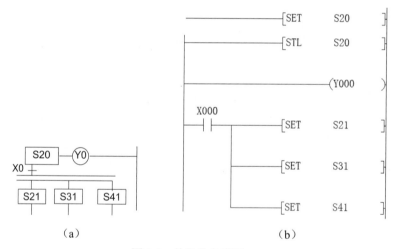

（a）　　　　　　　　　　（b）

图 8-3　并行分支编程

与一般状态编程一样，先进行驱动处理，然后进行转换处理，转换处理从左到右依次进行。

对于所有的初始状态（S0～S9），每一状态下的分支电路数总和不大于 16 个，并且在每一分支点分支数不大于 8 个。

3. 并行支路汇合的编程

汇合前先对各状态的输出处理分别编程，然后从左到右进行汇合处理。设三条并行支路分别编制到状态 S29、S39、S49，需要汇合到 S50，相当于 S29、S39、S49 相与的关系，其用户程序如图 8-4 所示。

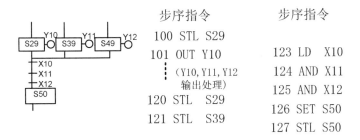

步序指令	步序指令
100 STL S29	
101 OUT Y10	123 LD X10
⋮（Y10,Y11,Y12 输出处理）	124 AND X11
	125 AND X12
120 STL S29	126 SET S50
121 STL S39	127 STL S50

图 8-4　并行支路汇合编程

8.4　项目任务实施

1. 工作原理分析

根据控制要求可知，这是一个时序逻辑控制系统。画出其时序图如图 8-5 所示。任务要求用 PLC 来实现十字路口的交通指挥信号灯的控制，示意图如图 8-6 所示。

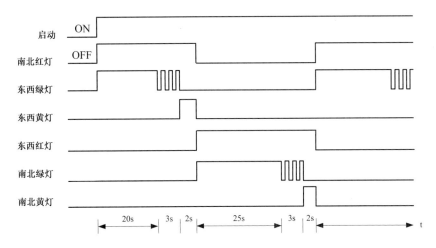

图 8-5　十字路口的交通指挥信号灯时序图

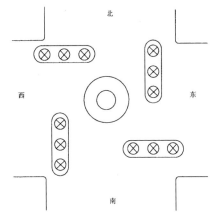

图 8-6　十字路口的交通指挥信号灯的控制示意图

2. 输入与输出点分配

根据以上分析可知，输入信号有 SB1、SB2；输出信号有警灯 Y0 和六个彩灯 Y1～Y6。确定它们与 PLC 中的输入继电器和输出继电器的对应关系可得 PLC 控制系统的 I/O 端口地址分配表，如表 8-2 所示。

表 8-2　PLC 控制系统的 I/O 端口地址分配表

输入			输出		
设备名称	代号	输入点编号	设备名称	代号	输出点编号
起动按钮	SB1	X0	警灯		Y0
停止按钮	SB2	X1	南北红灯		Y1
			东西绿灯		Y2
			东西黄灯		Y3
			东西红灯		Y4
			南北绿灯		Y5
			南北黄灯		Y6

3. PLC 接线示意图

根据 PLC 控制系统 I/O 端口地址分配表可以画出 PLC 的外部接线示意图，如图 8-7 所示。

4. 十字路口交通灯顺序功能图和梯形图程序设计

分析控制要求可分别用选择序列和并行序列设计出十字路口交通灯的顺序功能图，这里仅介绍用并行序列设计的顺序功能图，如图 8-8 所示，其对应的梯形图如图 8-9 所示。

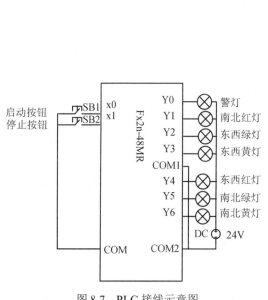

图 8-7　PLC 接线示意图

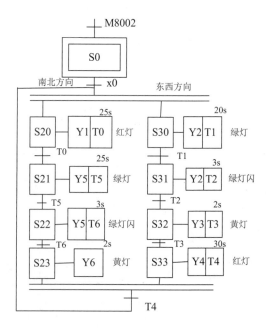

图 8-8　十字路口交通灯顺序功能图

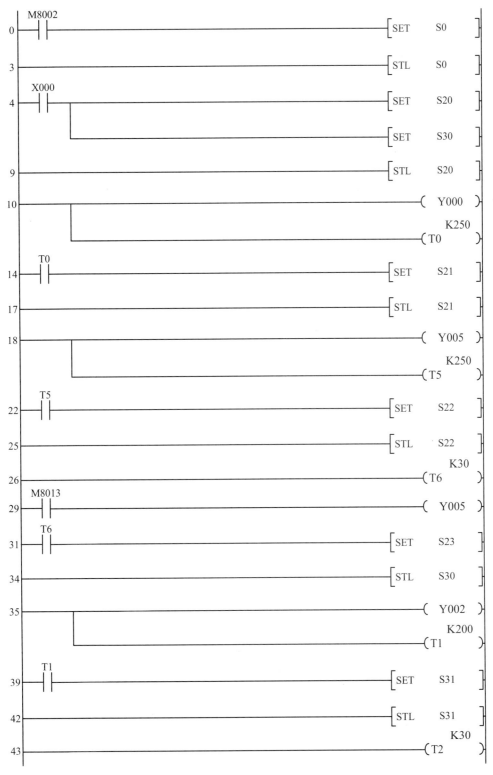

图 8-9　十字路口交通灯梯形图

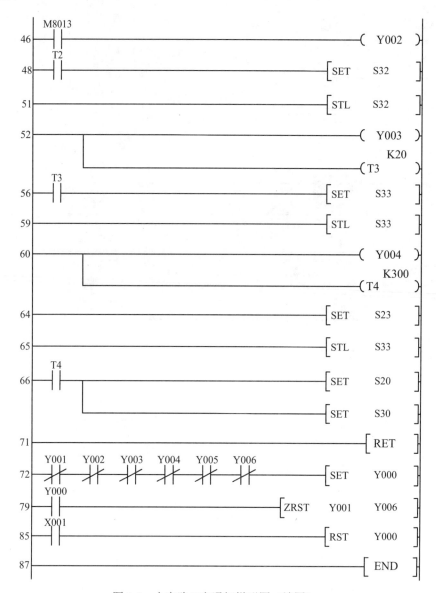

图 8-9　十字路口交通灯梯形图（续图）

5. 运行并调试程序

（1）在作为编程器的计算机上运行 GX Developer 或 SWOPC-FXGP/WIN-C 编程软件，创建新文件，选择 PLC 的类型为 FX2N。

（2）将图 8-9 所示的梯形图程序输入到计算机中，然后按 F4 键转换程序。

（3）使用专用通信电缆 RS-232/RS-422 转换器将 PLC 的编程接口与计算机的 COM 口相连。执行 PLC→"传送"→"写出"命令将程序文件下载到 PLC 中，若出现通信错误窗口，请检查电源是否打开，确认 PLC 和计算机的 RS2-32 串口通信无误。

（4）调试系统。将 PLC 的 RUN/STOP 开关拨到 RUN 位置，然后通过软件中的"监控/测试"监控程序的执行情况，观察 PLC 面板运行指示灯是否点亮。按下起动按钮，对程序进行调试运行，观察程序的运行情况。若出现故障，应分别检查硬件电路接线和梯形图是否有误，修改后应重新调试，直至系统按要求正常工作。

（5）记录程序调试的结果。

学习任务单卡 9

班级：_____ 学号：_____ 姓名：_____ 实训日期：_____

<table>
<tr>
<td rowspan="3">课程信息</td>
<td>课程名称</td>
<td>教学单元</td>
<td>本次课训练任务</td>
<td>学时</td>
<td>实训地点</td>
</tr>
<tr>
<td rowspan="2">PLC 与应用技术</td>
<td rowspan="2">自动交通灯的 PLC 控制</td>
<td>任务 1 用步进顺控指令编写自动交通灯 PLC 控制程序</td>
<td>2</td>
<td rowspan="2">PLC 实训室</td>
</tr>
<tr>
<td>任务 2 自动交通灯 PLC 控制的实现</td>
<td>2</td>
</tr>
<tr>
<td>任务描述</td>
<td colspan="5">能设计并行序列控制系统的顺序功能图，能用步进顺控指令编程，并实现自动交通灯 PLC 控制。</td>
</tr>
<tr>
<td rowspan="6">学做过程记录</td>
<td colspan="5">任务 1 用步进顺控指令编写自动交通灯 PLC 控制程序</td>
</tr>
<tr>
<td colspan="5">控制要求：设置一个起动按钮 SB1、停止按钮 SB2、强制按钮 SB3、循环选择开关 S。当按下起动按钮之后信号灯控制系统开始工作，首先南北红灯亮，东西绿灯亮。按下停止按钮后，信号控制系统停止，所有信号灯灭。按下强制按钮 SB3，东西南北黄、绿灯灭，红灯亮。</td>
</tr>
<tr>
<td colspan="5">实训步骤：</td>
</tr>
<tr>
<td colspan="5">1. 根据控制要求分配 PLC 的 I/O 端口，并根据系统控制要求设计顺序功能图。

</td>
</tr>
<tr>
<td colspan="5">2. 用步进顺控 STL 指令的编程方法编写自动交通灯 PLC 控制的程序。

</td>
</tr>
</table>

任务 2 自动交通灯 PLC 控制的实现	
	1. 根据系统控制要求及其 PLC 的 I/O 分配接线。
	【教师现场评价：完成□，未完成□】
	2. 将编写的 PLC 程序输入 PLC，实现自动交通灯 PLC 控制。
	【教师现场评价：完成□，未完成□】
学生自我评价	A. 基本掌握　　B. 大部分掌握　　C. 掌握一小部分　　D. 完全没掌握　　选项（　　　）
学生建议	

8.5　知识拓展：用起保停电路实现并行序列的编程方法

1. 并行序列的分支的编程方法

并行序列中各单序列的第一步应同时变为活动步。对控制这些步的起保停电路使用同样的起动电路，就可以实现这一要求。在图 8-10（a）中，步 M1 之后有一个并行序列的分支，当步 M1 为活动步并且转换条件 X001 满足时，步 M2 和 M3 同时变为活动步，即 M2 和 M3 应同时变为 ON，图 8-10（b）中步 M2 和步 M3 的起动电路相同，都为逻辑关系式 M1·X001。

2. 并行序列合并的编程方法

在图 8-10（a）中，步 M6 之前有一个并行序列的合并，该转换实现的条件是所用的前级步（即步 M4 和 M5）都是活动步且转换条件 X004 满足。由此可知，应将 M4、M5 和 X004 的常开触点串联，作为控制 M6 的起保停电路的起动电路，如图 8-10（c）所示。

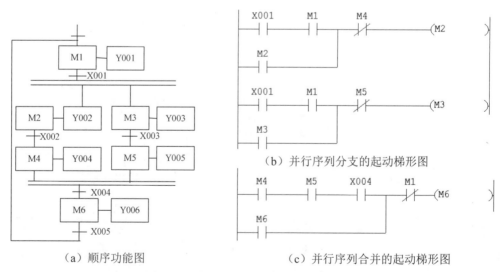

（a）顺序功能图　　（b）并行序列分支的起动梯形图　　（c）并行序列合并的起动梯形图

图 8-10　并行序列的编程方法示例

8.6 项目拓展：机械手分类装置的编程与调试（仿真）

FX-TRN-BEG-C 软件界面如图 8-11 所示。

1. 设计要求

按 PB1 起动按钮，供给机械手从原料箱送出原料，输送到传送皮带上进行检测并根据尺寸分配到大、中、小分类箱；当检测到大原料时 PL4 灯闪烁（亮 1s 灭 1s），直到将大原料送入到收集箱后 PL4 停止闪烁，按下 PB2 能停机。

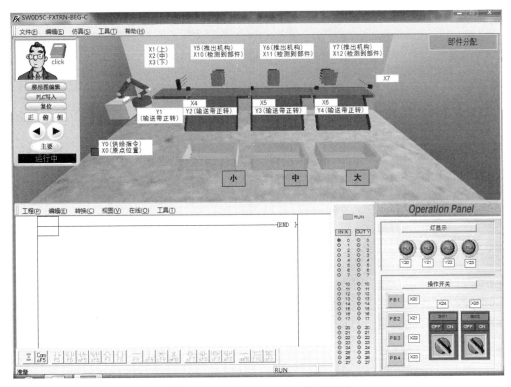

图 8-11 FX-TRN-BEG-C 软件界面

2. 元件分配表（如表 8-3 所示）

表 8-3 元件分配表

输入			输出		
设备名称	操作开关	输入点编号	设备名称	输出点编号	
起动按钮	PB1	X20	机械手供给	Y0	
机械手原点		X5	输送带 1	Y1	
停止按钮	PB2	X21	输送带 2	Y2	
输送带上限位		X0	输送带 3	Y3	
输送带中限位		X1	输送带 4	Y4	
输送带下限位		X2	推出机构 1	Y5	

续表

输入			输出		
设备名称	操作开关	输入点编号	设备名称	输出点编号	
输送带限位 1		X10	推出机构 2	Y6	
输送带限位 2		X11	推出机构 3	Y7	
输送带限位 3		X12			
边原限位 1		X4			
边原限位 2		X5			
边原限位 3		X6			
边原限位 4		X7			

3. 参考程序（略）

8.7 思考与练习

1. 图 8-12 所示为送料小车的顺序功能图，若在控制要求中增加停止功能，即按下停止按钮 X004，在送料小车完成当前工作周期的最后一步后返回初始步，系统停止工作。试绘制顺序功能图并用起保停电路的编程方法来设计梯形图。

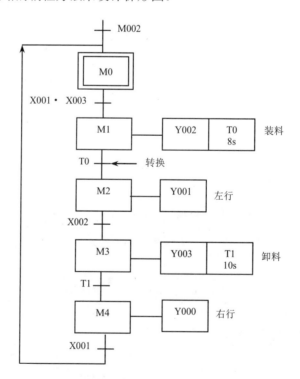

图 8-12 送料小车的顺序功能图

编程分析：在控制要求中，停止按钮 X004 的按下并不是按顺序进行的，在任何时候都可能按下停止按钮，而且不管什么时候按下停止按钮都要等到当前工作周期结束后才能响应。所以停止按钮 X004 的操作不能在顺序功能图中直接反映出来，可以用辅助继电器 M7 间接表示出来，如图 8-13 所示。

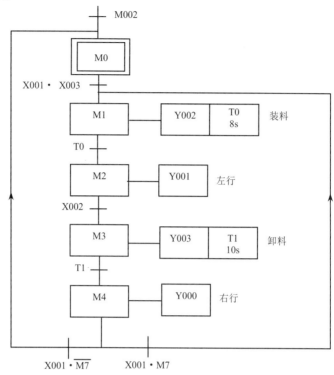

图 8-13　具有停止功能的送料小车控制系统顺序功能图

为了实现按下停止按钮 X004 后在步 M4 之后结束工作，这就需要在梯形图中设置用起保停电路控制的辅助继电器 M7，即按下起动按钮 X003 后，M7 变为 ON。它只是在步 M4 之后的转换条件中出现，所以在按了停止按钮 X004，M7 变为 OFF 后，系统不会马上停止运行。送料小车返回限位开关 X001 处时，如果没有按停止按钮，转换条件 X001·M7 满足，系统将返回步 M1，开始下一周期的工作。如果已经按了停止按钮，M7 为 OFF，右限位开关 X001 为 ON 时，转换条件 X001·M7 满足，系统将返回初始步 M0，停止运料。

用起保停电路的编程方法设计的送料小车控制系统的梯形图如图 8-14 所示。

试画出硬件接线图并上机进行调试。

2. 图 8-15 所示为多种液体混合装置，适合如饮料的生产、酒厂的配液、农药厂的配比等。L1、L2、L3 为液面传感器，液面淹没时接通，两种液体的输入和混合液体放液阀门分别由电磁阀 Y1、Y2 和 Y3 控制，M 为搅匀电动机。

（1）初始状态。

当装置投入运行时，液体 A、液体 B 阀门关闭（Y1=Y2=OFF），放液阀门打开 20s 将容器放空后关闭。

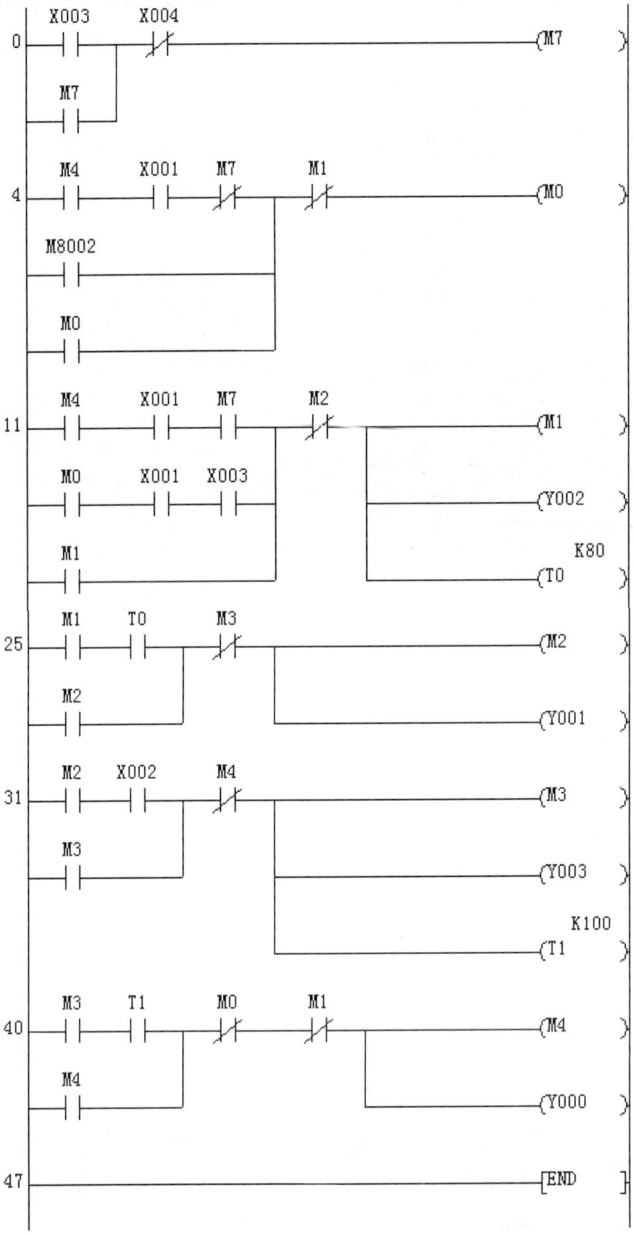

图 8-14　送料小车控制系统的梯形图

（2）起动操作。

按下起动按钮 SB1，液体混合装置开始按下列给定规律操作：

①Y1=ON，液体 A 流入容器，液面上升；当液面达到 L2 处时，L2=ON，使 Y1=OFF，Y2=ON，即关闭液体 A 阀门，打开液体 B 阀门，液体 A 停止流入，液体 B 开始流入，液面上升。

②当液面达到 L1 处时，L1=ON，使 Y2=OFF，电动机 M=ON，即关闭液体 B 阀门，液体停止流入，开始搅拌。

③搅匀电动机工作 1min 后停止搅拌（M= OFF），放液阀门打开（YV3=ON），开始放液，液面开始下降。

④当液面下降到 L3 处时，L3 由 ON 变到 OFF，再过 20s，容器放空，使放液阀门 YV3 关闭，开始下一个循环周期。

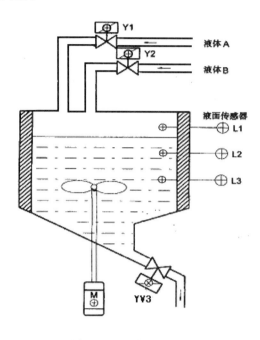

图 8-15 多种液体混合装置

（3）停止操作。

在工作过程中，按下停车按钮 SB2，搅拌器并不立即停止工作，而要将当前容器内的混合工作处理完毕后（当前周期循环到底）才能停止操作，即停在初始位置上，否则会造成浪费。

其 I/O（输入/输出）分配表如表 8-4 所示。

表 8-4　I/O 分配表

输入		输出	
输入继电器	作用	输出继电器	作用
X000	起动按钮 SB1	Y000	电动机 M0 线圈
X001	停止按钮 SB2	Y001	电磁阀 Y1 线圈
X002	高液位传感器	Y002	电磁阀 Y2 线圈
X003	中液位传感器	Y003	电磁阀 Y3 线圈
X004	低液位传感器		

根据控制要求所设计的多种液体混合装置的顺序功能图如图 8-16 所示。

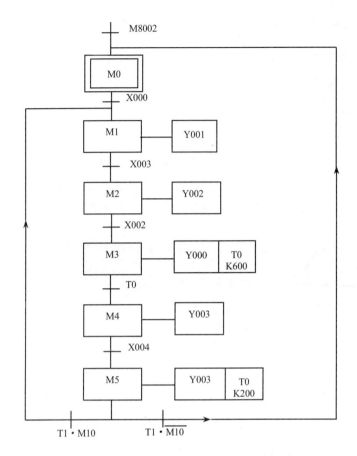

图 8-16　多种液体混合装置的顺序功能图

试用起保停编程方法将图 8-16 所示的顺序功能图转换成梯形图。

3．如图 8-17 所示，在地下停车场的出入口处，为了节省空间，同时只允许一辆车进出，在进出通道的两端设置有红绿灯，光电开关 X000 和 X001 用于检测是否有车经过，光线被车遮住时 X000 或 X001 为 ON。有车进入通道时（光电开关检测到车的前沿）两端的绿灯灭，红灯亮，以警示两方后来的车辆不可再进入通道。车开出通道时，光电开关检测到车的后沿，两端的红灯灭，绿灯亮，其他车辆可以进入通道。

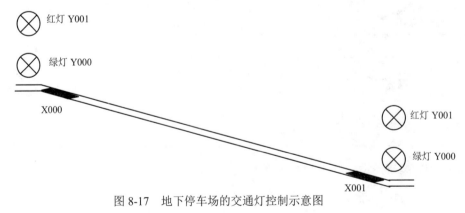

图 8-17　地下停车场的交通灯控制示意图

用顺序控制设计法来实现的顺序功能图如图 8-18 所示。

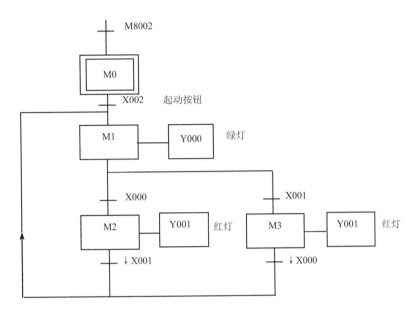

图 8-18 地下停车场的交通灯控制顺序功能图

用起保停编程方法将图 8-18 转换成梯形图并画出在没有起动按钮情况下的顺序功能图。

4. 抢答器控制。抢答器系统可实现四组抢答，每组两人。共有 8 个抢答按钮，各按钮对应的输入信号为 X000、X001、X002、X003、X004、X005、X006、X007，主持人的控制按钮的输入信号为 X010，各组对应指示灯的输出控制信号分别为 Y001、Y002、Y003、Y004。前三组中任意一人按下抢答按钮即获得答题权，最后一组必须同时按下抢答按钮才可以获得答题权，主持人可以对各输出信号复位。试设计抢答器控制系统的顺序功能图。

项目九　机械手多种工作方式的 PLC 控制

9.1　项目训练目标

1. 能力目标

（1）能熟练的运用步进指令设计 PLC 控制系统梯形图和指令程序，并写入 PLC 运行调试。

（2）能熟练运用 PLC 解决实际顺序控制工程问题。

（3）能较熟练分配 I/O 端口，设计其系统接线图并实现十字路口交通灯的 PLC 控制。

2. 知识目标

（1）掌握 IST 指令及运用其编程的方法。

（2）掌握跳转功能指令及其编程的方法。

9.2　项目训练任务

1. 控制要求

气动机械手的动作示意图如图 9-1 所示，气动机械手的功能是将工件从 A 处移送到 B 处。控制要求如下：

（1）气动机械手的升降和左右移行分别由不同的双线圈电磁阀来实现，电磁阀线圈失电时能保持原来的状态，必须驱动反向的线圈才能反向运动。

（2）上升、下降的电磁阀线圈分别为 YV2、YV1；左行、右行的电磁阀线圈为 YV3、YV4。

（3）机械手的夹钳由单线圈电磁阀 YV5 来实现，线圈通电时夹紧工件，线圈断电时松开工件。

（4）机械手夹钳的松开、夹紧通过延时 1.7s 实现。

（5）机械手的下降、上升、右行、左行的限位由行程开关 SQ1、SQ2、SQ3、SQ4 来实现。

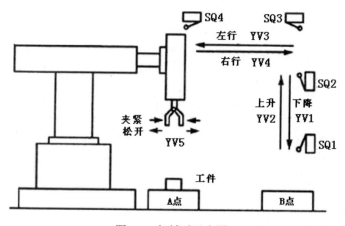

图 9-1　机械手示意图

2. 操作功能

机械手的操作面板如图 9-2 所示。机械手能实现手动、回原位、单步、单周期和连续 5 种工作方式。

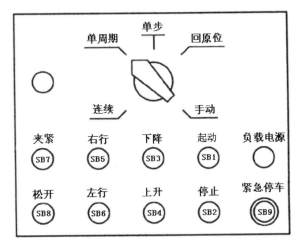

图 9-2 操作面板

（1）手动工作方式时，用各按钮的点动实现相应的动作。

（2）回原位工作方式时，按下"回原位"按钮，则机械手自动返回原位。

（3）单步工作方式时，每按"下一次起动"按钮，机械手向前执行一步。

（4）单周期工作方式时，每按"下一次起动"按钮，机械手只运行一个周期。

（5）连续工作方式时，机械手在原位，只要按下"起动"按钮，机械手就会连续循环工作，直到按下"停止"按钮。

（6）传送工件时，机械手必须升到最高点才能左右移动，以防止机械手在较低位置运行时碰到其他工件。

（7）出现紧急情况，按下紧急停车按钮时，机械手停止所有的操作。

3. 输入与输出点分配

根据以上分析确定 PLC 控制系统的 I/O 端口地址分配表，填入表 9-1。

表 9-1 PLC 控制系统的 I/O 端口地址分配表

输入			输出		
设备名称	代号	输入点编号	设备名称	代号	输出点编号

4. PLC 接线示意图

根据 PLC 控制系统 I/O 端口地址分配表画出 PLC 的外部接线示意图，如图 9-3 所示。

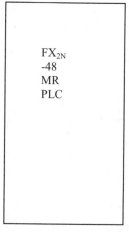

FX$_{2N}$
-48
MR
PLC

图 9-3　PLC 接线示意图

5. 程序编写及运行调试

（1）根据 PLC 外部接线图正确连接机械手实训装置。

（2）打开 GX Developer 软件，编写交通灯 PLC 控制梯形图并下载至 PLC。

（3）PLC 运行开关拨至停止状态，进行 PLC 模拟调试。操作起动按钮，观察 PLC 的输出指示灯是否按要求指示。若输出有误，检查并修改程序，直至指示正确。

（4）给机械手模块通电，进行 PLC 运行调试。操作起动按钮，观察机械手是否按要求指示。若输出有误，检查并修改程序，直至指示正确。

6. 思考与练习

跳转指令 CJ、子程序调用 CALL 和中断指令在执行中有什么区别？

9.3　相关知识点

9.3.1　程序流程指令

程序流向控制指令的功能号为 FNC00～FNC09，主要包括 CJ（条件跳转）指令、CALL（子程序调用）指令、SRET（子程序返回）指令、IRET（中断返回）指令、EI（中断许可）指令、DI（中断禁止）指令、FEND（主程序结束）指令、WDT（监控定时器）指令、FOR（循环范围开始）指令、NEXT（循环范围终了）指令等，这里主要介绍 CJ（条件跳转）指令。

条件跳转（Conditional Jump，CJ）指令的功能指令编号为 FNC00，操作数为 P0～P127，其中 P63 即 END，无需再标号。该指令占 3 个程序步，标号占 1 个程序步。CJ 指令的要素描述如表 9-2 所示。

表 9-2　CJ 指令的要素描述表

CJ 指令	操作数		程序步
FNC00 CJ(P) 16 位	字元件	无	16 位：3 步
	位元件	无	

CJ 和 CJ(P) 指令用于跳过顺序程序中的某一部分，以减少扫描时间。跳转指针标号一般在 CJ 指令之后，如图 9-4 所示。如果 X0 为 ON，程序跳到 P8 处；如果 X20 为 OFF，不执行跳转，程序按原顺序执行。跳转时，不执行被跳过的那部分指令。如果被跳过程序段中包含时间继电器和计数器，无论其是否具有掉电保持功能，由于相关程序停止执行，它们的当前值寄存器被锁定，跳转发生后其计数、计时值保持不变，在跳转终止时，计时、计数将继续进行。另外，计时、计数器的复位指令具有优先权，即使复位指令位于被跳过的程序段中，执行条件满足时，复位工作也将执行。

在一个程序中一个标号只能出现一次，如出现两次或两次以上，则会出现错误。但在同一程序中两条跳转指令可以使用相同的标号，如图 9-5 所示。

值得说明的是，跳转指针标号也可以出现在跳转指令之前，如图 9-6 所示，但要注意从程序执行顺序来看，如果 X22 为 ON 时间过长，会造成该程序的执行时间超过了警戒时钟设定值，则程序就会出错。

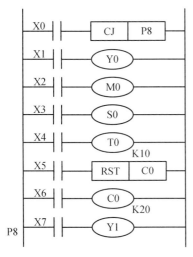

图 9-4　跳转指令

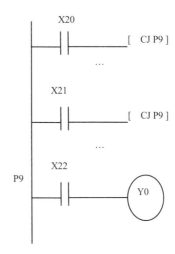

图 9-5　两条跳转指令使用同一标号

跳转时，如果从主令控制区的外部跳入其内部，不管它的主控触点是否接通，都把它当成接通来执行主令控制区内的程序。如果跳转指令在主令控制区内，主控触点没有接通时不执行跳转。

如果用辅助继电器 M8000 作为跳转指令的工作条件，跳转就成为无条件跳转，因为运行时特殊辅助继电器 M8000 总是为 ON。

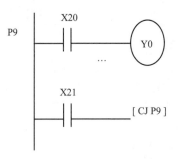

图 9-6 标号指针用法

9.3.2 区间复位指令（ZRST）

（1）指令功能。指令 ZRST 为区间复位指令，其使用格式如图 9-7 所示。

图 9-7 ZRST 指令使用格式

（2）编程实例。在图 9-8 中，当 PLC 运行时，M8002 初始脉冲使 ZRST 指令执行，该指令复位清除 M500～M599、C0～C199、S0～S10。

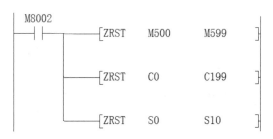

图 9-8 ZRST 指令编程实例

（3）指令使用说明。
- ZRST 指令可将[D1]～[D2]中指定的元件号范围内的同类元件成批复位。
- 操作数[D1]、[D2]必须指定相同类型的元件。
- [D1]的元件编号必须小于[D2]的元件编号。
- ZRST 指令只有 16 位形式，但可以指定 32 位的计数器。
- 若要复位单个位元件，可以使用 RST 指令。

9.3.3 方便指令

方便指令的功能号为 FNC60～FNC69，主要包括 IST（初始化状态）指令、ABSD（凸轮控制（绝对方式））指令、INCD（凸轮控制（增量方式））指令、AIJT（交替输出）指令、RAMP（斜坡信号）指令等，这里主要介绍 IST（初始化状态）指令，IST 指令的要素描述如表 9-3 所示。

在实际控制系统中，不仅可以采用基本指令和步进指令进行顺序控制，而且可以采用功能指令中的初始化状态指令 IST（FNC60）配合步进指令进行编程，IST 指令属于可以利用简单的顺序控制程序进行复杂控制的方便指令。它能自动设置与多种运行方式相对应的初始状态和相关的特殊辅助继电器。IST 指令只能使用一次，且必须放在 STL 电路之前。

表 9-3　IST 指令的要素描述表

指令名称	助记符	指令代码	操作元件			
状态初始化	IST	FNC60	S1·	D1·	D2·	
			X、Y、M、S 用 8 个连号元件	S（D1<D2< SPAN>）		

初始化状态指令的梯形图格式如图 9-9 所示。梯形图中源操作数[S·]表示的是首地址号，可以取 X、Y 和 M，它由 8 个相连号的软元件组成。在图 9-9 中，由输入继电器 X0～X7 组成。这 8 个输入继电器各自的功能如表 9-4 所示。其中 X0～X4 同时只能有一个接通，因此必须选用转换开关，以保证 5 个输入不同时为 ON。目标操作数[D1·] 和[D2·]只能选用状态继电器 S，其范围为 S20～S899，其中[D1·]表示在自动工作方式时所使用的最低状态继电器号，[D2·]表示在自动工作方式时所使用的最高状态继电器号，[D2·] 的地址号必须大于[D1·]的地址号。

图 9-9　IST 指令的梯形图格式

表 9-4　8 个输入继电器的功能表

输入继电器	功能	输入继电器	功能
X0	手动方式	X4	连续运行方式
X1	回原位方式	X5	回原位起动
X2	单步方式	X6	自动起动
X3	单周期方式	X7	停止

IST 指令的执行条件满足时初始状态继电器 S0～S2 被自动指定功能，S0 是手动操作的初始状态，S1 是回原位方式的初始状态，S2 是自动运行的初始状态。与 IST 指令有关的特殊辅助继电器有 8 个，其功能如表 9-5 所示。

表 9-5　与 IST 指令有关的特殊辅助继电器及其功能

序号	特殊辅助继电器	功能
1	M8040	为 ON 时，禁止状态转移；为 OFF 时，允许状态转移
2	M8041	为 ON 时，允许在自动工作方式下，从[D1]所表示的最低位状态开始进行状态转移；为 OFF 时，禁止从最低位状态开始进行状态转移
3	M8042	是脉冲继电器，与它串联的触点接触时产生一个扫描周期的宽度的脉冲
4	M8043	为 ON 时，表示返回原位工作方式结束；为 OFF 时，表示返回原位工作方式还没有结束

序号	特殊辅助 继电器	功能
5	M8044	表示原位的位置条件
6	M8045	为 ON 时，所有输出 Y 均不复位；为 OFF 时，所有输出 Y 允许复位
7	M8046	当 M8047 为 ON 时，只要状态继电器 S0～S999 中任何一个状态为 ON，M8046 就为 ON；当 M8047 为 OFF 时，不论状态继电器 S0～S999 中有多少个状态为 ON，M8046 都为 OFF，且特殊数据寄存器 D8040～D8047 内的数据不变
8	M8047	为 ON 时，S0～S999 中正在动作的状态继电器号从最低号开始按顺序存入特殊数据寄存器 D8040～D8047，最多可存 8 个状态号，这也称 STL 监控有效

根据 IST 指令自动设置的部分特殊辅助继电器的动作内容如图 9-10 所示，该梯形图不需要用户编制，只是等效相应特殊辅助继电器的功能。M8000 是运行监视辅助继电器，在 PLC 运行时接通。

M8040 是禁止转移用辅助继电器，当 M8040 为 ON 时，禁止所有状态转移。手动状态下，X0=ON 时，M8040 总是接通的。在回原点、单周期运行时，按动停止按钮后（X1 或 X3=ON，X7=ON）一直到再按起动按钮期间，M8040 一直保持为 ON。单步执行（X2=ON）时，M8040 常通，但是在按动起动按钮（X6=ON）时，M8040 为 OFF，使状态可以按顺序转移一步。连续运行状态下，当 PLC 由 STOP→RUN 切换时，M8040 保持 ON，按起动按钮后，M8040 为 OFF。

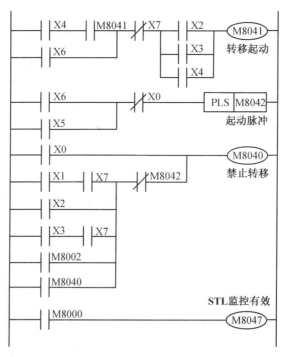

图 9-10   M8040～M8042、M8047 动作的等效梯形图

转移开始辅助继电器 M8041 是从自动方式的初始状态 S2 向另一状态转移的转移条件辅助继电器。手动回原点时，M8041 不动作；步进、单周期时，仅在按起动按钮时动作；自动时，

按起动按钮后保持为 ON，按停止按钮后为 OFF。

9.3.4　操作方式

设备的操作方式一般可分为手动和自动两大类，手动操作方式主要用于设备的调整，自动操作方式用于设备的自动运行。

（1）手动操作方式。

手动操作：用单个按钮接通或断开各自对应的负载。

回原点：按下"回原点"按钮，使设备自动回归到原点位置。

（2）自动操作方式。

单步运行：每按一次"起动"按钮，设备前进一个工步。

单周期运行：在原点位置时，按下"起动"按钮设备自动运行一个周期后停止原位；途中按下停止按钮，设备停止运行；再按下起动按钮时，设备从断点处继续运行，直到原位停止。

连续运行：在原点位置按下"起动"按钮，设备按既定工序连续反复运行。中途按下"停止"按钮，设备运行到原位停止。

9.4　项目任务实施

1. 输入和输出点分配

根据控制要求绘出 PLC 的 I/O 分配表，如表 9-6 所示。

2. 机械手装置外部接线图

机械手装置外部接线图如图 9-11 所示。

表 9-6　机械手传送系统输入和输出点分配表

输入信号			输出信号		
名称	代号	输入点编号	名称	代号	输入点编号
手动挡	SA	X0	松开按钮	SB8	X15
回原位挡	SA	X1	下限位开关	SQ1	X16
单步挡	SA	X2	上限位开关	SQ2	X17
单周期挡	SA	X3	右限位开关	SQ3	X20
连续挡	SA	X4	左限位开关	SQ4	X21
回原位按钮	SB9	X5			
起动按钮	SB1	X6	输出信号		
停止按钮	SB2	X7	名称	代号	输出点编号
下降按钮	SB3	X10	下降电磁阀线圈	YV1	Y0
上升按钮	SB4	X11	上升电磁阀线圈	YV2	Y1
右行按钮	SB5	X12	右行电磁阀线圈	YV3	Y2
左行按钮	SB6	X13	左行电磁阀线圈	YV4	Y3
夹紧按钮	SB7	X14	松紧电磁阀线圈	YV5	Y4

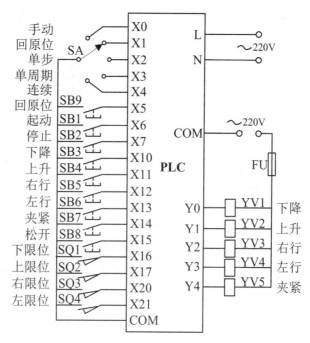

图 9-11　机械手控制系统 PLC 的 I/O 接线图

3. 程序设计方法 1：基本指令和步进指令进行混合编程

运用步进指令编写机械手顺序控制的程序比用基本指令更容易、更直观，但在机械手的控制系统中，手动和回原位工作方式用基本指令很容易实现，故手动和回原位工作方式用基本指令编写，自动工作方式用步进指令编写。

机械手控制系统的程序总体结构如图 9-12 所示，分为公用程序、自动程序、手动程序和回原位程序四部分。其中自动程序包括单步、单周期和连续运行的程序，因为它们的工作顺序相同，所以可将它们合编在一起。

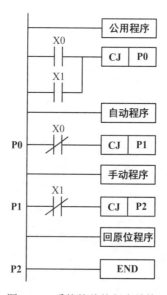

图 9-12　系统的总体程序结构

　　CJ（FNC00）是条件跳转应用指令指针标号 P□ 是其操作数。该指令用于某种条件下跳过 CJ 指令和指针标号之间的程序，从指针标号处继续执行，以减少程序执行时间。如果选择手动工作方式，即 X0 为 ON，X1 为 OFF，则 PLC 执行完公用程序后将跳过自动程序到 P0 处，由于 X0 动断触点断开，所以直接执行手动程序。由于 P1 处的 X1 的动断触点闭合，所以又跳过回原位程序到 P2 处。

　　如果选择回原位工作方式，同样只执行公用程序和回原位程序。如果选择单步或连续方式，则只执行公用程序和自动程序。

　　公用程序如图 9-13 所示，当 Y4 复位（即松紧电磁阀松开）、左限位 X21 和上限位 X17 接通时，辅助继电器 M0 变为 ON，表示机械手在原位。这时，如果开始执行用户程序（M8002 为 ON）、系统处于手动或回原位状态（X0 或 X1 为 ON），那么初始步对应的 M10 被置位，为进入单步、单周期、连续工作方式做好准备。如果 M0 为 OFF，M10 被复位，系统不能进入单步、单周期、连续工作方式。图中的指令 ZRST（FNC40）是成批复位的应用指令，当 X0 为 ON 时，对 M11～M18 的辅助继电器复位，以防止系统从自动方式转换到手动方式，再返回自动方式时出现两种不同的活动步。

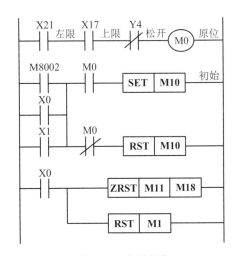

图 9-13　公用程序

　　手动程序如图 9-14 所示，用 X10～X15 对应机械手的上下左右移行和夹钳松紧的按钮。按下不同的按钮，机械手执行相应的动作。在左、右移行的程序中串联上限位置开关的动合触点是为了避免机械手在较低位置移行时碰撞其他工件。为保证系统安全运行，程序之间还进行了必要的联锁。

　　图 9-15 所示为回原位程序，在系统处于回原位工作状态时，按下"回原位"按钮（X5 为 ON），M3 变为 ON，机械手松开和上升，当升到上限位（X17 变为 ON）时，机械手左行，直到移至左限位（X21 变为 ON）才停止，并且 M3 复位。

　　自动程序如图 9-16 所示，系统工作为单步方式时 X2 为 ON，其动断触点断开，辅助继电器一般情况下 M2 为 OFF 。X3、X4 都为 OFF，单周期和连续工作方式被禁止。假设系统处于初始状态，M10 为 ON，当按下"起动"按钮 X6 时，M2 变为 ON，使 M11 为 ON，Y0 线圈得电，机械手下降。放开"起动"按钮后，M2 立即变为 OFF。当机械手下降到下限位时，与 Y0 线圈串联的 X16 动断触点断开，Y0 线圈失电，机械手停止下降。此时，M11、X16 均为 ON，其动合触点接通，再按下"起动"按钮 X6 时，M2 又变为 ON，M12 得电并自保持，机械手进入夹紧状态，同时 M11 也变为 OFF。在完成某一步的动作后，必须按一次"起动"按钮系统才能进入下一步。

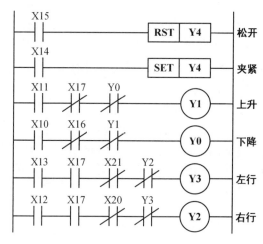

图 9-14　手动程序

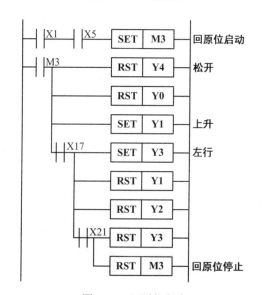

图 9-15　回原位程序

如果选择的是单周期工作方式，此时 X3 为 ON，X2 的动断触点接通，M2 为 ON，允许转换。在初始步时按下"起动"按钮 X6，在 M11 电路中，因 M10、X6、M2 的动合触点和 M12 的动断触点都接通，所以 M11 变为 ON，Y0 也变为 ON，机械手下降。当机械手碰到下限位开关 X16 时停止下降，M12 变为 ON，Y4 也变为 ON，机械手进入夹紧状态，经过 1.7s 后，机械手夹紧工件开始上升。这样，系统就会按工序一步一步向前运行。当机械手在 M18 步返回原位时，X4 为 OFF，其动合触点断开，此时不是连续工作方式，因此机械手不会连续运行。

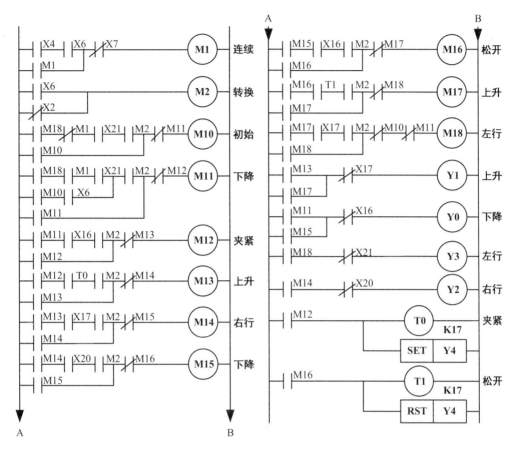

图 9-16　自动程序

系统处于连续方式时，X4 为 ON，它的动合触点闭合，在初始步时按下"起动"按钮 X6，M1 得电自保持，选择连续工作方式，其他工作过程与单周期方式相同。按下"停止"按钮 X7 后，M1 变为 OFF，但系统不会立即停下，在完成当前的工作周期后机械手最终停在原位。

4. 程序设计方法 2：基本指令配合步进指令的编程方法

在编写程序前先看图 9-17 所示的顺序功能图，该图实现了机械手的自动连续运行。图中特殊辅助继电器 M8002 仅在运行开始时接通。S0 为初始状态，对应回原位的程序。在选定连续工作方式后，X4 为 ON，按下"回原位"按钮 X5 能保证机械手的初始状态在原位。当机械手在原位时，夹钳松开 Y4 为 OFF，上限位 X17、左限位 X21 都为 ON，这时按下"起动"按钮 X6，状态由 S0 转换到 S20，Y0 线圈得电，机械手下降。当机械手碰到下限位开关 X16 时，X16 变为 ON，状态由 S20 转换为 S21，Y0 线圈失电，机械手停止下降，Y4 被置位，夹钳开始夹持，定时器 T0 起动，经过 1.7s 后，定时器的触头接通，状态由 S21 转换为 S22，机械手上升。系统如此一步一步按顺序运行。当机械手返回到原位时 X21 变为 ON，状态由 S27 转换为 S0，机械手自动进入新的一次运行过程。因此机械手能自动连续运行。从图 9-17 所示的顺序功能图中可以看出，每一状态继电器都对应机械手的一个工序，只要弄清工序之间的转换条件及转移方向就能很容易、很直观地画出顺序功能图。其对应的步进指令梯形图也很容易画出。

初始状态指令顺序控制的程序如图 9-18 所示。图（a）为初始化程序，它保证了机械手必须在原位才能进入自动工作方式；图（b）为手动方式程序，机械手的夹紧、放松及上下左右移行由相应的按钮完成；在图（c）回原位方式程序中，只需按下"回原位"按钮即可。图中除初始状态继电器外，其他状态继电器应使用回零状态继电器 S10～S19；图（d）为自动方式程序，M8041 和 M8044 都是在初始化程序中设定的，在程序运行中不再改变。

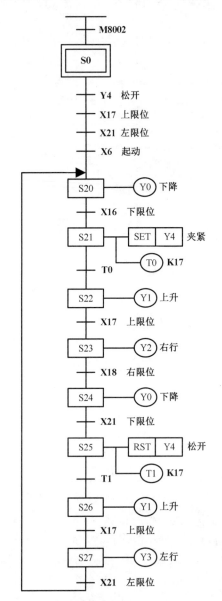

图 9-17　机械手自动连续运行的顺序功能图

图 9-19 所示是图 9-18 对应的语句表程序。

5. 运行并调试程序

（1）基本指令顺序控制程序。

1）将梯形图程序输入到计算机。

2）对程序进行调试运行。

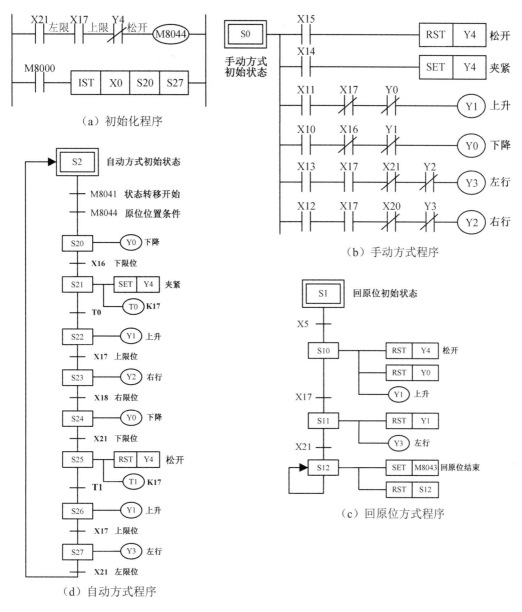

（a）初始化程序

（b）手动方式程序

（c）回原位方式程序

（d）自动方式程序

图 9-18　机械手的控制程序

①将转换开关 SA 旋至手动挡，按下相应的动作按钮，观察机械手的动作情况。

②将转换开关 SA 旋至回原位挡，按下回原位按钮，观察机械手是否回原位。

③将 SA 旋至单步挡，每按"起动"按钮，观察机械手是否向前执行下一动作。

④将 SA 旋至单周期挡，每按一次"起动"按钮，观察机械手是否运行一个周期就停下。

⑤将 SA 旋至连续挡，按下"起动"按钮，观察机械手是否连续运行。

3）记录调试程序的结果。

（2）基本指令与步进指令控制程序。

1）将顺序功能图转换为梯形图输入到计算机。

2）对程序进行调试运行。

0	LD	X21	34	ANI	Y3	73	LD	T0
1	AND	X17	35	OUT	Y2	74	SET	S22
2	ANI	Y4	36	STL	S1	76	STL	S22
3	OUT	M8044	37	LD	X5	77	OUT	Y1
5	LD	M8000	38	SET	S10	78	LD	X17
6	FNC	60	40	STL	S10	79	SET	S23
		X0	41	RST	Y4	81	STL	S23
		S20	42	RST	Y0	82	OUT	Y2
		S27	43	OUT	Y1	83	LD	X18
13	STL	S0	44	LD	X17	84	SET	S24
14	LD	X15	45	SET	S11	86	STL	S24
15	RST	Y4	47	STL	S11	87	OUT	Y0
16	LD	X14	48	RST	Y1	88	LD	X21
17	SET	Y4	49	OUT	Y3	89	SET	S25
18	LD	X11	50	LD	X21	91	STL	S25
19	ANI	X17	51	SET	S12	92	RST	Y4
20	ANI	Y0	53	STL	S12	93	OUT	T1
21	OUT	Y1	54	SET	M8043			K17
22	LD	X10	56	RST	S12	96	LD	T1
23	ANI	X16	58	STL	S2	97	SET	S26
24	ANI	Y1	59	LD	M8041	99	STL	S26
25	OUT	Y0	60	AND	M8044	100	OUT	Y1
26	LD	X13	61	SET	S20	101	LD	X17
27	AND	X17	63	STL	S20	102	SET	S27
28	ANI	X21	64	OUT	Y0	104	STL	S27
29	ANI	Y2	65	LD	X16	105	OUT	Y3
30	OUT	Y3	66	SET	S21	106	LD	X21
31	LD	X12	68	STL	S21	107	OUT	S2
32	AND	X17	69	SET	Y4	109	RET	
33	ANI	X20	70	OUT	T0	110	END	
					K17			

图 9-19 机械手的控制程序指令表

将转换开关 SA 旋至连续挡，先按"回原位"按钮，再按"起动"按钮，观察机械手是否连续运行。

3）记录调试程序的结果。

（3）基本指令、初始状态指令配合步进指令顺序控制程序。

1）将控制程序输入到计算机。

2）对程序进行调试运行，与基本指令顺序控制程序的步骤相同。

3）记录调试程序的结果。

学习任务单卡 10

班级：_____ 学号：_____ 姓名：_____ 实训日期：_____

课程信息	课程名称	教学单元	本次课训练任务	学时	实训地点
	PLC 应用技术	机械手控制系统的 PLC 控制	任务 1 机械手多种工作方式的 PLC 控制的编程	2	PLC 实训室
			任务 2 机械手多种工作方式的 PLC 控制的实现	4	
任务描述	掌握顺序控制设计法，能设计多种工作方式的顺序功能图，能用程序流程指令、IST 指令编程，能较熟练地分配 I/O 端口，设计其系统接线图，并实现机械手控制系统多种工作方式的 PLC 控制				
	任务 1 机械手控制系统 PLC 控制的编程 控制要求：机械手能实现手动、回原位、单步、单周期和连续 5 种工作方式。				

学做过程记录

实训步骤：

1．判断

（1）绘制顺序功能图时，两个步绝对不能直接相连，必须用一个转换将它们隔开。（　）

（2）绘制顺序功能图时，两个转换也不能直接相连，必须用一个步将它们隔开。（　）

（3）IST 指令与 STL 指令一起使用，专门用来设置具有多种工作方式的控制系统的初始状态和设置有关的特殊辅助继电器的状态。（　）

（4）并行序列或选择序列中分支处的支路数不能超过 8 条，总的支路数不能超过 16 条。（　）

（5）STL 指令可以与 MC-MCR 指令一起使用。（　）

（6）使用 STL 指令时允许双线圈输出。（　）

（7）STL 指令梯形图程序的结束处一定要使用 RET 指令，才能使 LD 点回到左侧母线上。（　）

（8）使用 STL 指令时，与 STL触点相连的触点应使用 LD 或 LDI 指令。（　）

2．根据图 1 动作过程和控制要求分配 PLC 的 I/O 端口，根据系统控制要求设计顺序功能图。

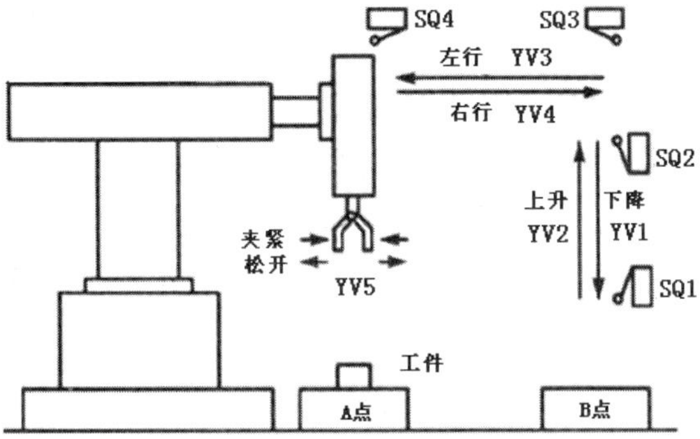

图 1　机械手示意图

3．用 IST 指令的编程方法编写如图 2 面板所示的机械手多种工作方式 PLC 控制的程序。

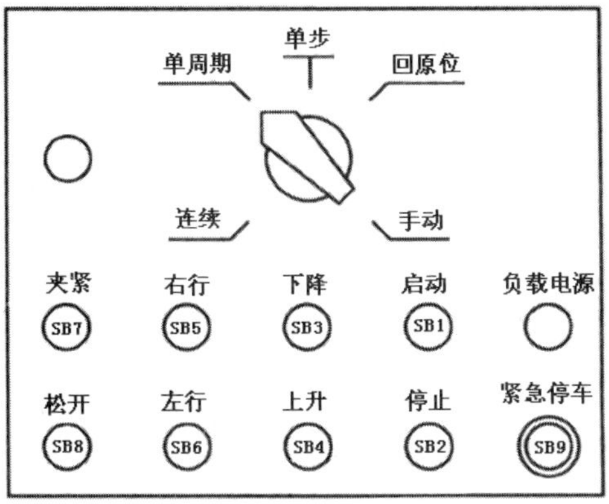

图 2　操作面板

任务 2 机械手多种工作方式 PLC 控制的实现

1. 根据系统控制要求和其 PLC 的 I/O 分配接线。

【教师现场评价：完成□，未完成□】

2. 将编写的 PLC 程序输入 PLC，实现机械手多种工作方式控制系统 PLC 控制。

【教师现场评价：完成□，未完成□】

学生自我评价	A. 基本掌握　　B. 大部分掌握　　C. 掌握一小部分　　D. 完全没掌握　　选项（　　　　）
学生建议	

9.5　思考与练习

1. 在该项目中，当机械手右移到位并准备下降时，若为了确保安全，要求在右工作台上无工件时才允许机械手下降。也就是说，若上一次搬运到右工作台上的工件尚未搬走时，机械手应自动停止下降，试设计机械手的控制程序。

2. 阅读如图 9-20 所示的梯形图程序，试分析：①程序的可能流向，并指出 P 指针的作用；②程序中的双线圈操作是否可能？

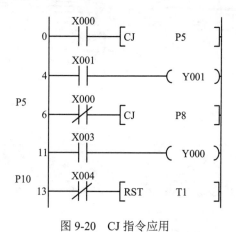

图 9-20　CJ 指令应用

学习情境三　显示装置控制系统的编程与实现

项目十　9s 倒计时钟的 PLC 控制

10.1　项目训练目标

1. 能力目标

（1）会利用传送指令，比较指令和七段译码指令进行梯形图编程。

（2）能灵活利用指令进行 PLC 应用系统设计。

（3）能较熟练分配 I/O 端口，设计其系统接线图并实现 9s 倒计时钟的 PLC 控制。

2. 知识目标

（1）掌握传送指令。

（2）掌握七段译码指令、算述运算指令。

10.2　项目训练任务

1. 训练内容和要求

设计一个 9s 倒计时钟。接通控制开关，数码管显示"9"，随后每隔 1s 显示数字减 1，减到"0"时，起动蜂鸣器报警，断开控制开关，停止显示及蜂鸣。

2. 训练步骤和要求

（1）分析、确定 I/O 端口与 PLC 中的输入继电器和输出继电器的对应关系，得 PLC 控制系统的 I/O 端口地址分配表，填入表 10-1。

表 10-1　PLC 控制系统的 I/O 端口地址分配表

输入			输出		
设备名称	代号	输入点编号	设备名称	代号	输出点编号

（2）根据 PLC 控制系统 I/O 端口地址分配表在图 10-1 中画出 PLC 的外部接线示意图。

（3）根据 PLC 外部接线图正确连接数码管实训装置。

（4）打开 GX Developer 软件，编写数码管 PLC 控制梯形图并下载至 PLC。

FX₂ₙ
-48
MR
PLC

图 10-1　PLC 接线示意图

（5）将 PLC 运行开关拨至停止状态，进行 PLC 模拟调试。操作"起动"按钮，观察 PLC 的输出指示灯是否按要求指示。若输出有误，检查并修改程序，直至指示正确。

3. 思考与练习

如何应用译码指令完成显示？

10.3　相关知识点

根据控制要求，我们可以利用基本逻辑指令实现显示，但是要注意双线圈问题，我们也可以通过手动译码把译码结果传送给数码管，这就用到传送指令 MOV。另外 FX₂ₙ 系列 PLC 中，专门有一条数码管驱动指令，这就是七段译码指令 SEGD。下面就介绍这几条指令的使用。由于本项目是功能指令的第一个项目，需要概要介绍功能指令的相关内容。

10.3.1　功能指令

1. 功能指令使用的编程元件

输入继电器 X、输出继电器 Y、辅助继电器 M 以及状态继电器 S 等编程元件在可编程控制器内部反映的是位的变化，主要用于开关量信息的传递、变换及逻辑处理，称为位元件。在 PLC 内部，由于功能指令的引入，需要大量的数据处理，因而需要设置大量的用于存储数值数据的软元件，这些元件大多以存储器字节或者字为存储单位，所以将这些能处理数据的元件统称为字元件。

FX 系列 PLC 中将 4 位连续编号的位元件组合使用，称为位组合元件，位组合元件是一种字元件。位组合元件表达方式为 KnX、KnY、KnM、KnS 等，其中 Kn 表示有 n 组这样的数据。例如，KnX000 表示位组合元件是由从 X000 开始的 n 组位元件组成的。若 n 为 1，则 K1X000 表示 X003、X002、X001、X000 四位输入继电器的组合；若 n 为 2，则 K2X000 表示 X007、

X006、X005、X004、X003、X002、X001、X000 八位输入继电器的组合；若 n 为 4，则 K1X000 表示 X017～X010、X007～X000 十六位输入继电器的组合。

数据寄存器（D）是用来存储数值数据的字元件，其数值可以通过功能指令、数据存取单元（显示器）及编程装置读写。FX 系列 PLC 的数据寄存器容量为双字节（16 位），最高位为符号位，也可以把两个寄存器合并起来存放一个四字节（32 位）的数据，最高位仍为符号位。最高位为 0 表示正数，最高位为 1 表示负数。

FX 系列 PLC 的数据寄存器分为通用数据寄存器 D0～D199（共 200 点）、失电保持数据寄存器 D200～D511（共 312 点）、特殊数据寄存器 D8000～D8255（共 256 点）、文件数据寄存器 D1000～D2999（共 2000 点）。

2. 功能指令的格式

- 编号。功能指令用编号 FNC00～FNC294 表示，并给出对应的助记符。例如，FNC12 的助记符是 MOV（传送指令），FNC45 的助记符是 MEAN（求平均数指令）。若使用简易编程器时应键入编号，如 FNC12、FNC45 等；采用编程软件时可键入助记符，如 MOV、MEAN 等。

- 助记符。功能指令的助记符一般为该指令的英文缩写，如传送指令 MOVE 简写为 MOV，加法指令 ADDITION 简写为 ADD 等，采用这种方式容易了解指令的功能。图 10-2 所示的梯形图中有助记符 MOV、DMOVP，其中 DMOVP 中的"D"表示数据长度，"P"表示执行形式。

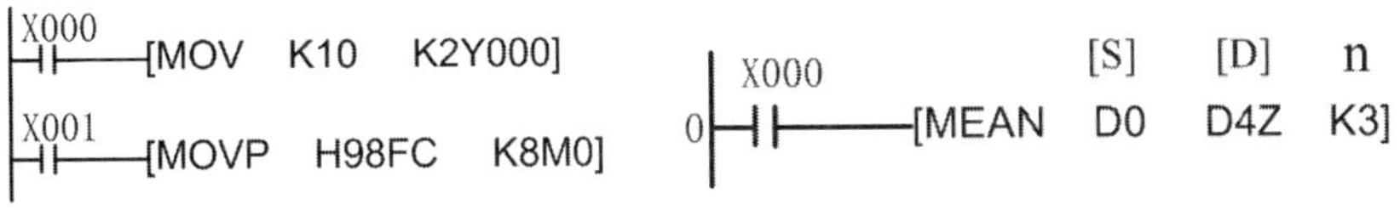

图 10-2 说明助记符的梯形图

- 数据长度。功能指令按其处理数据的长度分为 16 位指令和 32 位指令。其中 32 位指令在助记符前加"D"，助记符前无"D"的指令为 16 位指令。例如，MOV 是 16 位指令，DMOV 是 32 位指令。

- 执行形式。功能指令有脉冲执行型和连续执行型两种执行形式，在指令助记符后标有"P"为脉冲执行型，没有"P"的为连续执行型。例如，MOV 是连续执行型 16 位指令，MOVP 是脉冲执行型 16 位指令，而 DMOVP 是脉冲执行型 32 位指令。脉冲执行型指令在执行条件满足时仅执行一个扫描周期。

- 操作数。操作数是功能指令涉及或产生的数据。大多数功能指令有 1～4 个操作数，有的功能指令没有操作数。操作数分为源操作数、目标操作数及其他操作数。源操作数是指令执行后不改变其内容的操作数，用[S]表示；目标操作数是指令执行后改变其内容的操作数，用[D]表示；m 与 n 表示其他操作数。其他操作数常用来表示常数，或者对源操作数和目标操作数作补充说明。表示常数时，用 K 表示十进制常数，用 H 表示十六进制常数。某种操作数为多个时，可用下标数码区别，如[S1]、[S2]。

10.3.2 传送指令

（1）指令功能。指令 MOV 为传送指令，其使用格式如图 10-3 所示。

（2）编程实例。在图 10-4 中，当 X000 为 OFF 时，MOV 指令不执行，D1 中的内容保持不变；当 X000 为 ON 时，MOV 指令将 K50 传送到 D1 中。

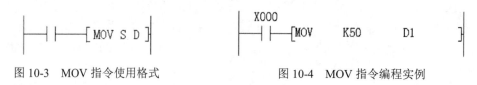

图 10-3　MOV 指令使用格式　　　　　图 10-4　MOV 指令编程实例

（3）指令使用说明。

- 当执行条件满足时，MOV 指令将源数据[S]传送到指定的目标[D]中。
- 数据是以二进制格式传送的。
- 源操作数[S]的形式可以为 K、H、KnX、KnY、KnM、KnS、T、C、D、V、Z；目标操作数[D]的形式可以为 KnY、KnM、KnS、T、C、D、V、Z。
- 在指令前加"D"表示传送 32 位数据，指令后加"P"表示指令为脉冲执行型。

10.3.3　七段译码指令 SEGD

（1）指令功能。指令 SEGD 为七段译码指令，其使用格式如图 10-5 所示。

图 10-5　SEGD 指令使用格式

（2）编程实例。如图 10-6（a）所示，当 X001 为 ON 时，将 K5 存于 D1 中，然后将 D1 译码，在 Y000～Y007 中显示。其中 Y000～Y006 分别接数码管的 a～g 段。也可以如图 10-6（b）所示直接显示数字 5。

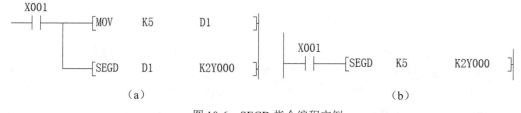

（a）　　　　　　　　　　　　　　　（b）

图 10-6　SEGD 指令编程实例

（3）指令使用说明。

- SEGD 指令将源操作数[S]指定元件的低 4 位所确定的十六进制数 0～F 译码后送到七段显示器，译码信号存于目标操作数[D]中，[D]的高 8 位不变。
- 源操作数[S]的形式可以为 K、H、KnX、KnY、KnM、KnS、T、C、D、V、Z，而目标操作数[D]的形式可以为 KnY、KnM、KnS、T、C、D、V、Z。
- 在指令后加"P"表示指令为脉冲执行型。

10.3.4　算术运算指令

加法指令（ADD）、减法指令（SUB）、乘法指令（MUL）和除法指令（DIV）又称为四则运算指令。

（1）加法指令（ADD）。

1）指令功能。指令 ADD 是加法指令，其使用格式如图 10-7 所示。

2）编程实例。如图 10-8 所示，当 PLC 运行时，ADD 指令将 K123 与 K456 相加，结果存于 D2 中。

图 10-7　ADD 指令使用格式　　　　　图 10-8　ADD 指令编程实例 1

在图 10-9 中，当 PLC 运行时，ADD 指令将 K1X000 与 K1X004 的两值相加，结果存放于 D2 寄存器中。

图 10-9　ADD 指令编程实例 2

3）指令使用说明。

- ADD 指令将两个源操作数[S1]与[S2]的内容相加，然后存放于目标操作数[D]中。
- 源操作数[S1]与[S2]的形式可以为 K、H、KnX、KnY、KnM、KnS、T、C、D、V、Z，而目标操作数[D]的形式可以为 KnY、KnM、KnS、T、C、D、V、Z。
- 指定源中的操作数必须是二进制，其最高位为符号位。该位为"0"表示该数为正，该位为"1"表示该数为负。
- 操作数是 16 位的二进制数时，数据范围是-32768～32767；操作数是 32 位的二进制数时，数据范围是-2147483648～2147483647。
- 运算结果为 0 时，零标志 M8020 为 ON；运算结果为负时，借位标志 M8021 为 ON；运算结果溢出时，进位标志 M8022 为 ON。
- 在指令前加"D"表示其操作数为 32 位的二进制数，在指令后加"P"表示指令为脉冲执行型。

（2）减法指令（SUB）。

1）指令功能。指令 SUB 是减法指令，其使用格式如图 10-10 所示。

2）编程实例。如图 10-11 所示，当 X000 为 ON 时，用 D0 的数值减去 D1 的数值，结果存放在 D2 中。

图 10-10　ADD 指令使用格式　　　　　图 10-11　ADD 指令编程实例

3）指令使用说明。

● SUB 指令将两个源操作数[S1]与[S2]的内容相减，然后存放于目标操作数[D]中。

● 源操作数[S1]与[S2]的形式可以为 K、H、KnX、KnY、KnM、KnS、T、C、D、V、Z，而目标操作数[D]的形式可以为 KnY、KnM、KnS、T、C、D、V、Z。

● 指定源中的操作数必须是二进制，其最高位为符号位。该位为"0"表示该数为正，如果该位为"1"表示该数为负。

● 操作数是 16 位的二进制数时，数据范围是-32768～32767；操作数是 32 位的二进制数时，数据范围是-2147483648～2147483647。

● 运算结果为 0 时，零标志 M8020 为 ON；运算结果为负时，借位标志 M8021 为 ON；运算结果溢出时，进位标志 M8022 为 ON。

● 在指令前加"D"表示其操作数为 32 位的二进制数，在指令后加"P"表示指令为脉冲执行型。

（3）乘法指令（MUL）。

1）指令功能。指令 MUL 是乘法指令，其使用格式如图 10-12 所示。

2）编程实例。图 10-13 所示为 16 位二进制数乘法。当 X010 为 ON 时，[D1]×[D2]=[D4、D3]。

图 10-12　MUL 指令使用格式　　　　图 10-13　MUL 指令编程实例 1

图 10-14 所示为 32 位二进制数乘法。当 X010 为 ON 时，[D1、D0]×[D3、D2]=[D7、D6、D5、D4]。

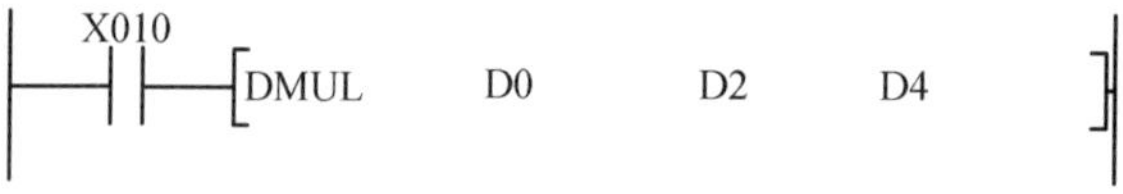

图 10-14　MUL 指令编程实例 2

3）指令使用说明。

● MUL 指令将两个源操作数[S1]与[S2]的内容相乘，然后将结果存放于目标操作数[D+1]～[D]中。

● 源操作数[S1]与[S2]的形式可以为 K、H、KnX、KnY、KnM、KnS、T、C、D、V、Z，而目标操作数[D]的形式可以为 KnY、KnM、KnS、T、C、D、V、Z。

● 若[S1]、[S2]为 32 位二进制数，则结果为 64 位，存放在[D+3]～[D]中。

● 在指令前加"D"表示其操作数为 32 位的二进制数，在指令后加"P"表示指令为脉冲执行型。

（4）除法指令（DIV）。

1）指令功能。指令 DIV 是除法指令，其使用格式如图 10-15 所示。

2）编程实例。图 10-16 所示为 16 位二进制数除法。当 X010 为 ON 时，[D1]/[D2]=[D3]…[D4]。

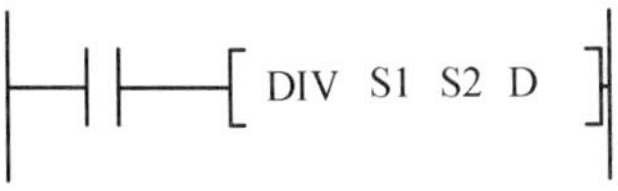

DIV S1 S2 D

图 10-15 DIV 指令使用格式

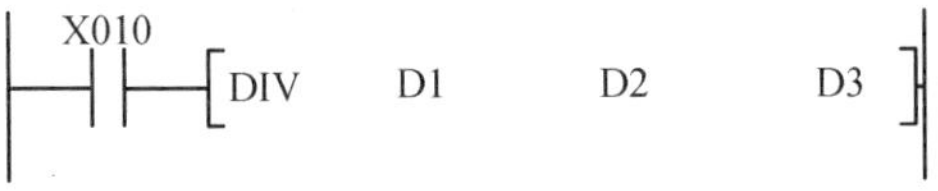

X010
DIV D1 D2 D3

图 10-16 DIV 指令编程实例 1

图 10-17 所示为 32 位二进制数除法。当 X010 为 ON 时，[D1、D0]/[D3、D2]=[D5、D4]…[D7、D6]。

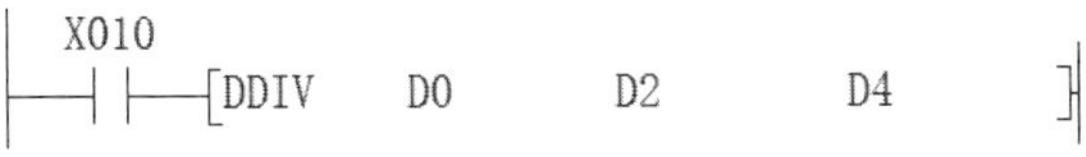

X010
DDIV D0 D2 D4

图 10-17 DIV 指令编程实例 2

3）指令使用说明。

- DIV 指令将两个源操作数[S1]与[S2]的内容相除，然后将商存放于目标操作数[D]中，将余数存放于[D+1]中。
- 源操作数[S1]与[S2]的形式可以为 K、H、KnX、KnY、KnM、KnS、T、C、D、V、Z，而目标操作数[D]的形式可以为 KnY、KnM、KnS、T、C、D、V、Z。
- 在指令前加“D”表示其操作数为 32 位的二进制数，在指令后加“P”表示指令为脉冲执行型。

（5）比较指令（CMP）。

1）指令功能。指令 CMP 是两数比较指令，其使用格式如图 10-18 所示。

X010
CMP K50 C20 M10
M10
Y010
M11
Y011
M12
Y012

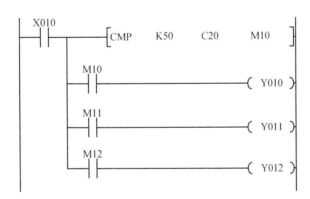

图 10-18 CMP 指令编程实例

2）编程实例。在图 10-18 所示的梯形图中，将 K50 与 C20 两个源操作数进行比较，比较结果存放在 M10～M12 中。当 X010 为 OFF 时，CMP 指令不执行，M10～M13 保持比较前的状态。当 X010 为 ON 时，若 K50>C20，M10 为 ON；若 K50 为 C20，M11 为 ON；若 K50<C20，M12 为 ON。

3）指令使用说明。

- 指令 CMP 比较两个源操作数[S1]和[S2]，并把比较结果送到目标操作数[D]～[D+2]中。
- 两个源操作数[S1]与[S2]的形式可以为 K、H、KnX、KnY、KnM、KnS、T、C、D、V、Z，而目标操作数[D]的形式可以为 KnY、KnM、KnS、T、C、D、V、Z。
- 两个源操作数[S1]与[S2]都被看作二进制数，其最高位为符号位。该位为“0”表示该数为正，如果该位为"1"表示该数为负。

- 目标操作数[D]由三个位软元件组成，指令中标明的是第一个软元件，另外两个位软元件紧随其后。

- 执行条件满足时比较指令执行。每扫描一次该梯形图，就对两个源操作数[S1]和[S2]进行比较，结果如下：当[S1]>[S2]时，[D]为 ON；当[S1]=[S2]时，[D+1]为 ON；当[S1]<[S2]时，[D+2]为 ON。

- 在指令前加"D"表示其操作数为 32 位的二进制数，在指令后加"P"表示指令为脉冲执行型。

10.4 项目任务实施

1. I/O 分配表

本项目的 I/O 分配表如表 10-2 所示。

表 10-2 数码管的 I/O 分配表

输入		输出	
输入继电器	作用	输出继电器	作用
X000	控制开关	Y000～Y007	七段数码管做译码信号

2. PLC 接线示意图

根据 I/O 端口地址分配表可以画出 PLC 的外部接线示意图，如图 10-19 所示。

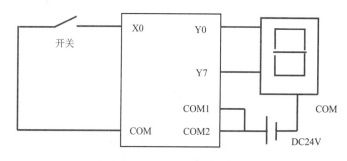

图 10-19 数码管 PLC 控制外部接线示意图

3. 梯形图和指令程序设计

本项目中有两个问题需要解决：首先是秒信号的获取，其次是显示的实现，即如何对七段数码管进行驱动。获取秒信号可以使用如下两种方法：一是用定时器定时实现，二是可以直接使用特殊辅助继电器 M8013。实现显示也有两种方法：使用基本指令 OUT 和使用应用指令 SEGD 实现。为了编程方便和程序简练，图 10-20 给出了使用定时器和 SEGD 指令实现 9s 倒计时钟的梯形图。

4. 运行并调试程序

（1）确认 PC/PPI 电缆连接好。

（2）将 PLC 运行模式选择开关拨到 STOP 位置，此时 PLC 处于停止状态，可以进行程序编写。

（3）在作为编程器的计算机上运行 GX Developer 或 SWOPC-FXGP/WIN-C 编程软件。

（4）将图 10-20 所示的梯形图程序输入到计算机中。

（5）执行 PLC→"传送"→"写出"命令将程序文件下载到 PL C 中。

（6）将 PLC 运行模式的选择开关拨到 RUN 位置，使 PLC 进入运行方式。

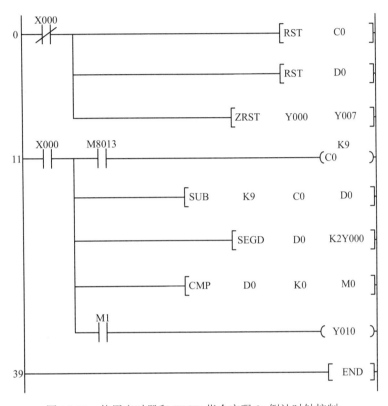

图 10-20　使用定时器和 SEGD 指令实现 9s 倒计时钟控制

（7）按下起动开关，对程序进行调试运行，观察程序的运行情况。若出现故障，应分别检查硬件电路接线和梯形图是否有误，修改后应重新调试，直至系统按要求正常工作。

（8）记录程序调试的结果。

10.5　思考与练习

设计一个 LED 数码显示控制系统，其控制要求为：按下"起动"按钮后，由 8 组 LED（发光二极管）模拟的八段数码管开始显示，先是一段段显示，显示次序是 A、B、C、D、E、F、G、H；随后显示数字及字符，显示次序是 0、1、2、3、4、5、6、7、8、9、A、B、C、D、E、F；再返回初始显示，并循环不止。

学习任务单卡 11

班级：_____　学号：_____　姓名：_____实训日期：

课程信息	课程名称	教学单元	本次课训练任务	学时	实训地点
	PLC 应用技术	9s 倒计时钟的 PLC 控制	任务 1 用功能指令编写 9s 倒计时 PLC 控制程序	2	PLC 实训室
			任务 2 9s 倒计时 PLC 控制的实现	2	

任务描述	掌握功能指令和比较指令，能用功能指令编写程序，并实现 9s 倒计时的 PLC 控制。

学做过程记录	任务 1 用功能指令编写 9s 倒计时 PLC 控制程序 控制要求：设计一个九秒钟倒计时钟。接通控制开关，数码管显示"9"，随后每隔 1s，显示数字减 1，减到"0"时，起动蜂鸣器报警，断开控制开关，停止显示及蜂鸣。 实训步骤： 1. 判断 （1）在可编程控制器中，用 4 位 BCD 码表示一位十进制数据，将 4 位位元件成组使用，称为位组合元件。（　） （2）K4X000 是指 X017～X010、X007～X000 16 位输入继电器的组合。（　） （3）变址寄存器（V、Z）通常是用来修改器件的地址编号，由两个 16 位的数据寄存器 V 和 Z 组成，指令 MOV D5V D10Z 中，如果 V=8 和 Z=14，则传送指令操作对象是这样确定的：D5V 是指 D13 寄存器，D10Z 是指 D24 数据寄存器，执行该指令的结果是将数据寄存器 D13 的内容传送到数据寄存器 D24 中。（　） （4）功能指令按处理数据的长度分为 16 位指令和 32 位指令。其中 32 位指令在助记符前加"D"，如 MOV 是 16 位指令，DMOV 是 32 位指令。（　） （5）在指令助记符后标有"P"的为脉冲执行型指令，无"P"的为连续执行型指令。（　） 指令 MOV 为传送指令，如 MOV K50 D1，是指将 K50 传送到 D1 中。（　） （6）ZCP 为区间复位指令，ZRST 是区间比较指令。（　） 2. ROR 是_____指令、ROL 是_____指令、SFTL 是_____指令、SFTR 是_____指令。 3. 根据控制要求分配 PLC 的 I/O 端口，并画出 I/O 接线图。

4. 用功能指令来编写 9s 倒计时 PLC 控制的程序。	

任务 2 9s 倒计时 PLC 控制的实现

1. 根据系统控制要求和其 PLC 的 I/O 分配接线。
【教师现场评价：完成□，未完成□】
2. 将编写的 PLC 程序输入 PLC，实现 9s 倒计时 PLC 控制。
【教师现场评价：完成□，未完成□】

学生自我评价	A. 基本掌握　　B. 大部分掌握　　C. 掌握一小部分　　D. 完全没掌握　　　　选项（　　　）
学生建议	

项目十一　交通灯的 PLC 控制

11.1　项目训练目标

1. 能力目标
（1）会利用触点比较指令，位移位指令和循环移位指令进行梯形图编程。
（2）能灵活利用指令进行 PLC 应用系统设计。
（3）能较熟练分配 I/O 端口，设计其系统接线图并用功能指令实现交通灯的 PLC 控制。

2. 知识目标
（1）掌握触点比较指令功能及其应用。
（2）掌握位移位指令 SFTL、SFTR 功能及其应用。

11.2　项目训练任务

1. 训练内容和要求

十字路口交通灯示意图如图 11-1 所示。设置一个起动按钮 SB1 和一个停止按钮 SB2。按下起动按钮：

（1）南北绿灯和东西绿灯不能同时亮。如果同时亮应关闭信号灯系统，并立即报警。

（2）南北红灯亮维持 25s。在南北红灯亮的同时东西绿灯也亮，并维持 20s。20s 时，东西绿灯闪亮，闪亮 3s 后熄灭。在东西绿灯熄灭时，东西黄灯亮，并维持 2s。到 2s 时，东西黄灯熄灭，东西红灯亮。同时，南北红灯熄灭，南北绿灯亮。

（3）东西红灯亮维持 30s。南北绿灯亮维持 25s，然后闪亮 3s，再熄灭。同时南北黄灯亮，维持 2s 后熄灭，这时南北红灯亮，东西绿灯亮。

（4）周而复始，循环往复。

按下停止按钮，灯全灭。

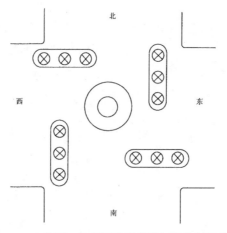

图 11-1　十字路口的交通指挥信号灯的控制示意图

2. 训练步骤和要求

（1）分析确定 I/O 端口与 PLC 中的输入继电器和输出继电器的对应关系，得 PLC 控制系统的 I/O 端口地址分配表，填入表 11-1。

表 11-1　PLC 控制系统的 I/O 端口地址分配表

输入			输出		
设备名称	代号	输入点编号	设备名称	代号	输出点编号

（2）根据 PLC 控制系统 I/O 端口地址分配表在图 11-2 中画出 PLC 的外部接线示意图。

FX$_{2N}$-48 MR PLC

图 11-2　PLC 接线示意图

（3）根据 PLC 外部接线图正确连接交通灯实训装置。

（4）打开 GX Developer 软件，编写交通灯 PLC 控制梯形图并下载至 PLC。

（5）将 PLC 运行开关拨至停止状态，进行 PLC 模拟调试。操作起动按钮，观察 PLC 的输出指示灯是否按要求指示。若输出有误，检查并修改程序，直至指示正确。

11.3　相关知识点

11.3.1　触点比较指令

1. 指令功能

本类指令有多条，具体指令请参看表 11-2。触点比较指令相当于一个触点，指令执行时比较两个操作数[s1]、[s2]，比较条件满足则触点闭合。

表 11-2　触点比较指令一览表

分类	指令助记符	指令功能
LD 类	LD =	[S1] = [S2]时，运算开始的触点接通
	LD>	[S1] > [S2]时，运算开始的触点接通
	LD<	[S1] < [S2]时，运算开始的触点接通
	LD <>	[S1] ≠ [S2]时，运算开始的触点接通
	LD <=	[S1] ≤ [S2]时，运算开始的触点接通
	LD >=	[S1] ≥ [S2]时，运算开始的触点接通
AND 类	AND =	[S1] = [S2]时，串联触点接通
	AND>	[S1] > [S2]时，串联触点接通
	AND<	[S1] < [S2]时，串联触点接通
	AND <>	[S1] ≠ [S2]时，串联触点接通
	AND <=	[S1] ≤ [S2]时，串联触点接通
	AND >=	[S1] ≥ [S2]时，串联触点接通
OR 类	OR =	[S1] = [S2]时，并联触点接通
	OR>	[S1] > [S2]时，并联触点接通
	OR<	[S1] < [S2]时，并联触点接通
	OR <>	[S1] ≠ [S2]时，并联触点接通
	OR <=	[S1] ≤ [S2]时，并联触点接通
	OR >=	[S1] ≥ [S2]时，并联触点接通

从表 11-2 可以看出，触点比较类指令分为三类：LD 类（含 LD=、LD>、LD<、LD<>、LD<=、LD>=六条指令）、AND 类（含 AND=、AND>、AND<、AND<>、AND<=、AND>=六条指令）和 OR 类（含 OR=、OR>、OR<、OR<>、OR<=、OR>=六条指令），其使用格式分别如图 11-3 至图 11-5 所示。

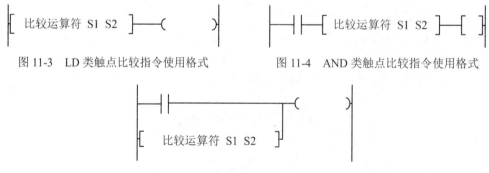

图 11-3　LD 类触点比较指令使用格式　　　图 11-4　AND 类触点比较指令使用格式

图 11-5　OR 类触点比较指令使用格式

2. 编程实例

在图 11-6 中，当 C10=K20 时，Y000 被驱动；当 X010=ON 并且 D100>K58 时，Y010 被

复位；当 X001=ON 或者 K10>C0 时，Y001 被驱动。

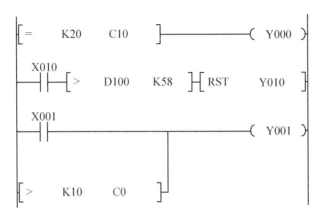

图 11-6　触点比较指令编程实例

3. 指令使用说明

（1）触点比较类指令，当[S1]、[S2]满足比较条件时，触点接通；。

（2）比较运算符包括=、>、<、<>、<=、>=六种形式。

（3）两个操作数[S1]、[S2]的形式可以是：K、H、KnX、KnY、KnM、KnS、T、C、D、V、Z 等字元件，以及 X、Y、M、S 等位元件。

（4）在指令前加"D"表示其操作数为 32 位的二进制数，在指令后加"P"表示指令为脉冲执行型。

11.3.2　循环移位指令

1. 指令功能

指令 ROR、ROL 分别为循环右移、循环左移指令，其使用格式如图 11-7（a）和（b）所示。

2. 编程实例

在图 11-7（a）中，当 X000 的状态由 OFF 变为 ON 时，D0 中的 16 位数据往右移动 4 位，并将最后一位从最右位移出的状态送入进位标识位（M8022）中。若 D0=0000 0000 1111 1111，执行上述移位后，D0=1111 0000 0000 1111，M8022=1。循环左移的功能与循环右移类似，只是移位方向是向左移位，不再举例。

3. 指令使用说明

指令 ROR、ROL 用来对[D]中的数据以 n 位为单位进行循环右移、左移。

目标操作数[D]可以是如下形式：KnY、KnM、KnS、T、C、D、V、Z；操作数 n 用来指定每次移位的位数，其形式可以为 K 或 H。

目标操作数[D]可以是 16 位或 32 位数据。若为 16 位操作，n<16；若为 32 位操作，需要在指令前加"D"，并且此时的 n<32。

若[D]使用位组合元件，则只有 K4（16 位指令）或 K8（32 位指令）有效，即形式如 K4Y10、K8M0 等。

指令通常使用脉冲执行型操作，即在指令后加字母"P"；若连续执行，则循环移位操作每个周期都执行一次。

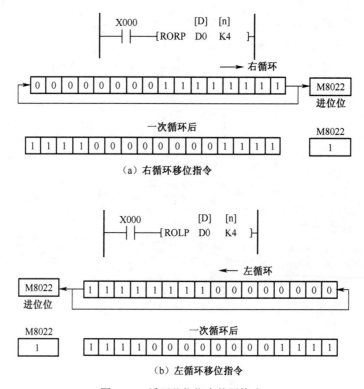

（a）右循环移位指令

（b）左循环移位指令

图 11-7　循环移位指令使用格式

11.3.3　位左移、右移移位指令

1. 指令功能

指令 SFTL、SFTR 分别为数据左移、右移指令，其使用格式如图 11-8 和图 11-9 所示。

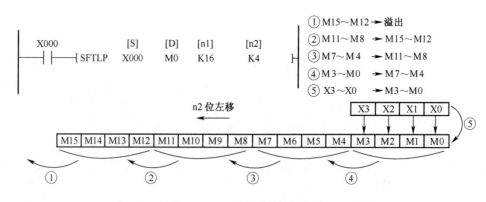

图 11-8　SFTL 指令的使用格式

2. 编程实例

图 11-9 中，当 X10=ON 时，由 M0 开始的 K16 位数据（即 M0～M15）向右移动 K4 位，移出的低 K4 位（M3～M0）分别由 X0 开始的 K4 位数据（X3～X0）补充进去。若 M15～M0 的状态为 1100 1010 1100 0011，X3～X0 的状态为 0100，则 M15～M0 执行移位后的状态为 0100 1100 1010 1100。SFTL 与 SFTR 功能类似，只是移位方向为向左移动，在此不再赘述。

图 11-9 STFR 编程实例

3. 指令使用说明

（1）SFTL、SFTR 指令使位元件中的状态向左、右移位。

（2）源操作数[S]为数据位的起始位置，目标操作数[D]为移位数据位的起始位置，n1 指定位元件长度，n2 指定移位位数（n2<n1<1024）。

（3）源操作数[S]的形式可以为 X、Y、M、S；目标操作数[D]的形式可以为 Y、M、S，n1、n2 的形式可以为 K、H。

（4）SFTL、SFTR 指令通常使用脉冲执行型，即使用时在指令后加"P"。

（5）SFTL、SFTR 在执行条件的上升沿时执行；用连续指令，当执行条件满足时，每个扫描周期执行一次。

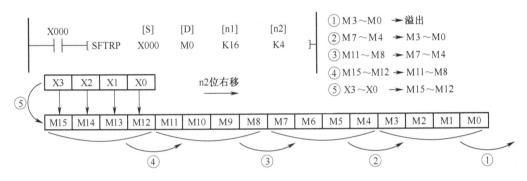

图 11-10 SFTR 指令的使用格式

11.4 项目任务实施

1. I/O 分配表

本项目的 I/O 分配表如表 11-3 所示。

表 11-3 交通灯控制的 I/O 分配表

输出		输出	
输出继电器	作用	输出继电器	作用
Y000	控制东西方向绿灯	Y003	控制南北方向绿灯
Y001	控制东西方向黄灯	Y004	控制南北方向黄灯
Y002	控制东西方向红灯	Y005	控制南北方向红灯

2. PLC 接线示意图

根据 I/O 端口地址分配表可以画出 PLC 的外部接线示意图，如图 11-11 所示。

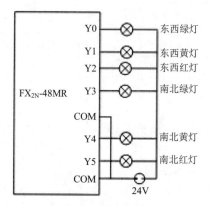

图 11-11   交通灯 PLC 控制外部接线示意图

3. 梯形图和指令程序设计

（1）方案一：使用触点比较指令实现。

从图 11-1 可以看到，交通灯每个周期的运行时间是固定的，可以使用一个定时器来进行控制，并且每个交通灯都是在固定的时间区里运行的。例如，东西方向绿灯在时间区间 0～20s 内点亮，南北方向红灯在 0～25s 内点亮。可以使用触点比较指令判断定时器的当前值在哪个区间里，从而实现交通灯控制。

图 11-12 给出的是使用触点比较指令的起保停电路的梯形图。

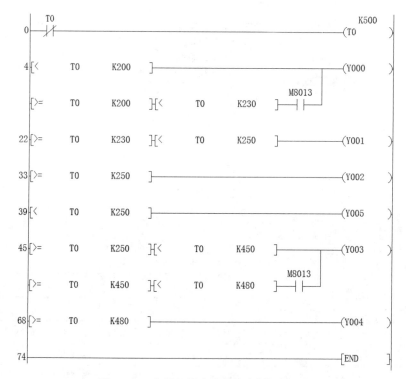

图 11-12   交通灯触点比较指令梯形图程序

（2）方案二：用循环移位指令实现。

可以把交通灯控制看成一个流水灯问题，采用循环左移指令解决。交通灯的顺序为：

东西绿灯－东西黄灯－南北绿灯－南北黄灯。因为绿灯时间加上黄灯时间等于红灯时间，因此，东西绿灯亮时用 SET 指令把南北红灯置位，用 RST 指令把东西红灯复位；南北绿灯亮时用 SET 指令把东西红灯置位，用 RST 指令把南北红灯复位。设计出来的梯形图如图 11-13 所示。

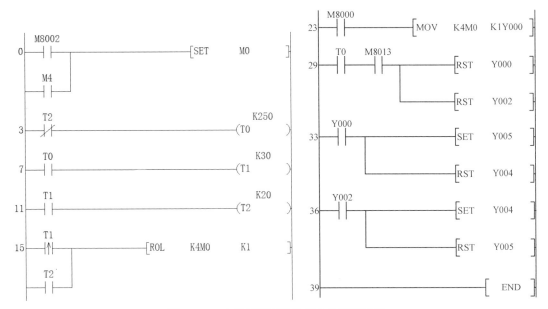

图 11-13   交通灯循环移位指令梯形图程序

（3）方案三：用 SFTL 移位指令实现。

可以把交通灯控制看成一个流水灯问题。交通灯的点亮顺序为：东西绿灯－东西黄灯－南北绿灯－南北黄灯。在这里可以用 M0、M1、M2 和 M3 四个辅助继电器来控制这四个阶段，首先可以用 SET 指令对 M0 置位，然后就可以使用 SFTL 指令对 M15～M0 组成的位组合元件执行左移，依次切换到 M1、M2、M3 这三个阶段。通过比较我们发现，东西方向和南北方向交通灯的运行情况完全一致，只是南北方向的灯比东西方向延迟了 16s，因此我们可以在东西方向和南北方向使用相同的定时器，只不过需要使用另外一个定时器重新起动它们。又因为绿灯时间加上黄灯时间等于红灯时间，因此东西绿灯亮时用 SET 指令把南北红灯置位，用 RST 指令把东西红灯复位；南北绿灯亮时用 SET 指令把东西红灯置位，用 RST 指令把南北红灯复位。设计出来的梯形图如图 11-14 所示。

4．运行并调试程序

（1）确认 PC/PPI 电缆连接好。

（2）将 PLC 运行模式选择开关拨到 STOP 位置，此时 PLC 处于停止状态，可以进行程序编写。

（3）在作为编程器的计算机上运行 GX Developer 或 SWOPC-FXGP/WIN-C 编程软件。

（4）将梯形图程序或指令程序输入到计算机中。

（5）执行 PLC→"传送"→"写出"命令将程序文件下载到 PLC 中。

（6）将 PLC 运行模式的选择开关拨到 RUN 位置，使 PLC 进入运行方式。

（7）按下"起动"按钮，对程序进行调试运行，观察程序的运行情况。若出现故障，应分别检查硬件电路接线和梯形图是否有误，修改后应重新调试，直至系统按要求正常工作。

（8）记录程序调试的结果。

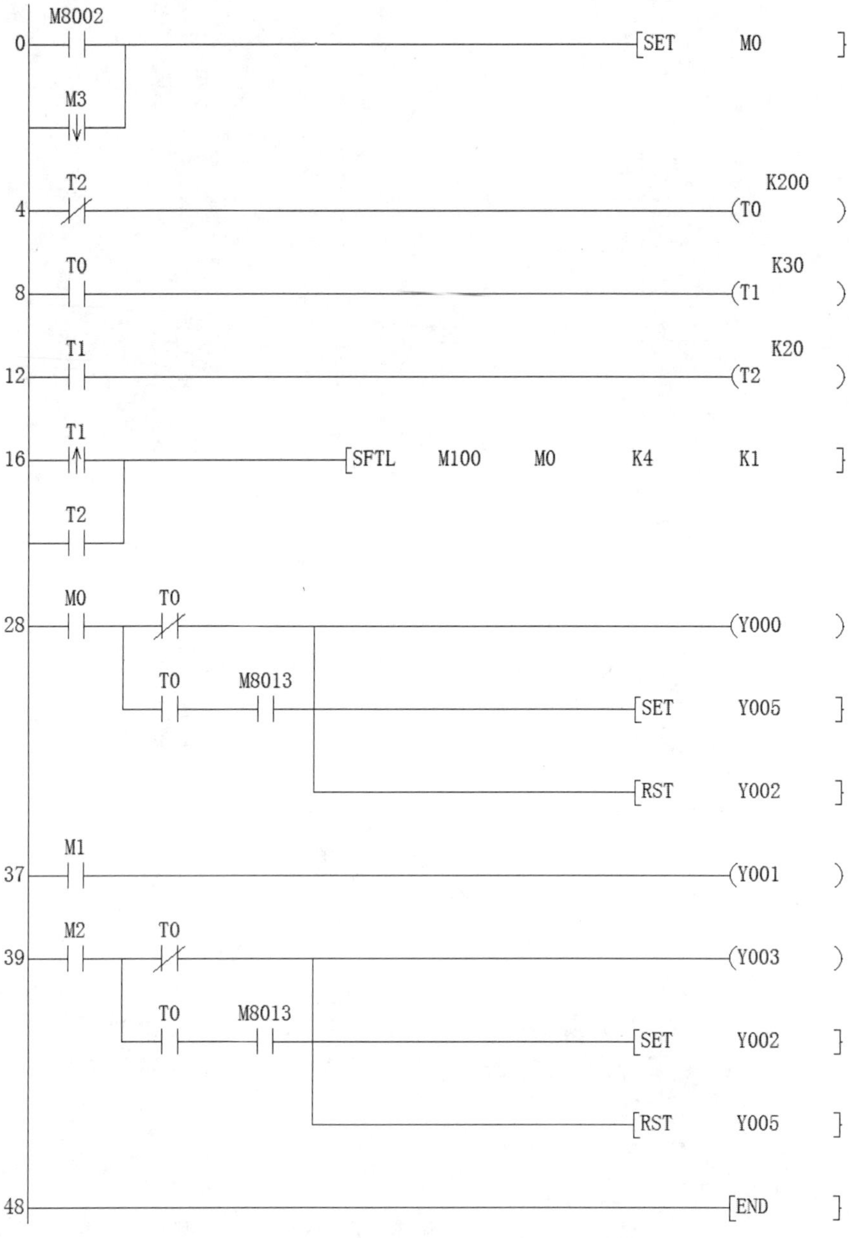

```
        M8002
0       ├─┤ ├──┬──────────────────────────────[SET    M0      ]
        M3    │
        ├─┤/├─┘

        T2                                             K200
4       ├─┤/├──────────────────────────────────────(T0      )

        T0                                             K30
8       ├─┤ ├──────────────────────────────────────(T1      )

        T1                                             K20
12      ├─┤ ├──────────────────────────────────────(T2      )

        T1
16      ├─┤↑├──┬─────────────[SFTL   M100   M0    K4     K1     ]
        T2    │
        ├─┤ ├─┘

        M0    T0
28      ├─┤ ├──┤/├──────┬──────────────────────────(Y000    )
              T0   M8013│
              ├─┤ ├─┤ ├─┤              [SET    Y005    ]
                       │
                       └────────────────[RST    Y002    ]

        M1
37      ├─┤ ├──────────────────────────────────────(Y001    )

        M2    T0
39      ├─┤ ├──┤/├──────┬──────────────────────────(Y003    )
              T0   M8013│
              ├─┤ ├─┤ ├─┤              [SET    Y002    ]
                       │
                       └────────────────[RST    Y005    ]

48      ─────────────────────────────────────────────[END     ]
```

图 11-14　交通灯 SFTL 移位指令梯形图程序

学习任务单卡 12

班级：_____ 学号：_____ 姓名：_____ 实训日期：_____

课程信息	课程名称	教学单元	本次课训练任务	学时	实训地点
	PLC 应用技术	交通灯的 PLC 控制	任务1用功能指令编写交通灯 PLC 控制程序	2	PLC 实训室
			任务 2 交通灯 PLC 控制的实现	2	

任务描述	掌握触点比较指令、ROR、ROL、SFTL、SFTR 指令，能用功能指令编写程序，并实现数码管循环点亮的 PLC 控制。

学做过程记录	任务 1 用功能指令编写交通灯 PLC 控制程序 控制要求：十字路口交通灯示意图如图 11-1 所示。设置一个"起动"按钮 SB1 和一个"停止"按钮 SB2。按下"起动"按钮： （1）南北绿灯和东西绿灯不能同时亮。如果同时亮应关闭信号灯系统，并立即报警。 （2）南北红灯亮维持 25s。在南北红灯亮的同时东西绿灯也亮，并维持 20s。20s 时，东西绿灯闪亮，闪亮 3s 后熄灭。在东西绿灯熄灭时，东西黄灯亮，并维持 2s。到 2s 时，东西黄灯熄灭，东西红灯亮。同时，南北红灯熄灭，南北绿灯亮。 （3）东西红灯亮维持 30s。南北绿灯亮维持 25s，然后闪亮 3s，再熄灭。同时南北黄灯亮，维持 2s 后熄灭，这时南北红灯亮，东西绿灯亮。 （4）周而复始，循环往复。 按下"停止"按钮，灯全灭。 实训步骤： 1. 根据控制要求分配 PLC 的 I/O 端口，并画出 I/O 接线图。 2. 用功能指令来编写交通灯 PLC 控制的程序。 【教师现场评价：完成□，未完成□】 任务 2 交通灯 PLC 控制的实现 1. 根据系统控制要求和其 PLC 的 I/O 分配接线。 【教师现场评价：完成□，未完成□】 2. 将编写的 PLC 程序输入 PLC，实现交通灯 PLC 控制。 【教师现场评价：完成□，未完成□】

学生自我评价	A. 基本掌握　　B. 大部分掌握　　C. 掌握一小部分　　D. 完全没掌握　　选项（　　　）
学生建议	

情境四　变频调速系统的 PLC 控制

项目十二　变频器控制电机无级调速的 PLC 控制

12.1　项目训练目标

1. 能力目标

（1）会查阅变频器手册，能进行参数设置，并能用变频器在 PU 模式与外部模式控制电机正反转。

（2）能熟练操作变频器面板。

（3）能较熟练分配 I/O 端口，设计其系统接线图并实现变频器对 PLC 的调速控制。

2. 知识目标

（1）掌握变频器的基本功能参数作用及其设置方法。

（2）理解变频器工作原理及控制过程。

12.2　项目训练任务

（1）使用三菱 FR-740 变频器的 PU 面板控制三相异步电动机正反转并实时调速。

（2）使用三菱 FR-740 变频器、外部起动与停止按钮及可调电位器实现三相异步电动机调速控制。

（3）使用 PLC 与电位器实现三相异步电动机正反转调速控制。

12.3　相关知识点

三相交流异步电机的结构简单、坚固、运行可靠、价格低廉，在冶金、建材、矿山、化工等重工业领域发挥着巨大作用。人们希望在许多场合下能够用可调速的交流电机来代替体积大、故障率高的直流电机，从而降低成本，提高运行的可靠性。如果实现交流调速，每台电机将节能 20%以上，而且在恒转矩条件下能降低轴上的输出功率，既可提高电机效率，又可获得节能效果。变频器就是在交流电机无级调速的广泛需求背景下诞生的。它是一种将固定频率的交流电变换成频率、电压连续可调的交流电，以供给电动机运转的电源装置。自 20 世纪 80 年代被引进中国以来，变频器成为节能应用与速度工艺控制中越来越重要的自动化设备，得到了快速发展和广泛的应用。变频器主要用于交流电动机（异步电机或同步电机）转速的调节，是公认的交流电动机最理想、最有前途的调速方案，除了具有卓越的调速性能之外，变频器还有显著的节能作用，是企业技术改造和产品更新换代的理想调速装置。在电力、纺织与化纤、建材、石油、化工、冶金、市政、造纸、食品饮料、烟草等行业以及公用工程（中央空调、供水、水处理、电梯等）中，变频器都发挥着重要作用。

1. 变频器的基本调速原理

三相异步电机的转速公式为：

$$n = n_0(1-s) = 60f(1-s)/p$$

式中 n_0 为同步转速；f 为电源频率，单位为 Hz；p 为电动机极对数；s 为电动机转差率。

从公式可知，改变三相异步电动机的转速 n 有 3 种方法，即改变电动机的供电电源频率，改变电动机极对数和改变电动机转差率。而改变电动机供电电源频率是效率很高、性能最好、使用最为广泛的一种方式，这就是变频调速的基本原理。

从公式表面看来，只要改变定子电源电压的频率 f 就可以调节转速大小了，但是事实上只改变 f 并不能正常调速，而且会引起电动机因过电流而烧毁的可能。这是由异步电动机的特性决定的。

对三相异步电动机实行调速时，希望主磁通保持不变。因为如果主磁通太弱，铁心利用不充分，同样的转子电流下，电磁转矩就小，电动机的负载能力下降，要想负载能力恒定，就得加大转子电流，这就会引起电动机因过电流发热而烧毁；如果磁通太强，电动机会处于过励磁状态，使励磁电流过大，铁心发热，同样会引起电动机过电流发热。所以变频调速一定要保持磁通恒定。

如何才能实现磁通恒定？根据三相异步电动机定子每相电动势的有效值为：

$$E_1 = 4.44 f_1 N_1 \Phi_m$$

式中，f_1 为电动机定子电流频率，N_1 为定子绕组有效匝数，Φ_m 为每极磁通。

对某一电动机来讲，$4.44 N_1$ 是一个固定常数，从公式可知，每极磁通 Φ_m 的值是由 f_1 和 E_1 共同决定的，对 E_1 和 f_1 进行适当控制即可维持磁通 Φ_m 保持不变。所以只要保持 E_1/f_1 等于常数，即保持电动势与频率之比为常数即可。

由上面的分析可知，异步电动机的变频调速必须按照一定的规律同时改变其定子电压和频率，即必须通过变频器获得电压和频率都可调节的供电电源，实现变压变频（Variable Voltage Variable Frequency，VVVF）。

2. 变频器分类

（1）按变频的原理分类。变频器按原理可分为交—交变频器和交—直—交变频器两种形式。

1）交—交变频器。

它是将频率固定的交流电源直接变换成频率连续可调的交流电源，其主要优点是没有中间环节，变换效率高，但其连续可调的频率范围较窄，故主要用于容量较大的低速拖动系统中，又称直接式变频器，其原理框图如图 12-1 所示。

图 12-1 单相交—交变频器的原理框图

2）交—直—交变频器。

先将频率固定的交流电整流后变成直流，再经过逆变电路，把直流电逆变成频率连续可调的三相交流电，又称为间接型变频器。由于把直流电逆变成交流电较易控制，因此在频率的调节范围，以及变频后电动机特性的改善等方面都具有明显的优势，目前使用最多的变频器均属于交—直—交变频器，如图 12-2 所示，主要由主电路（包括整流器、中间直流环节、逆变器）和控制电路组成。

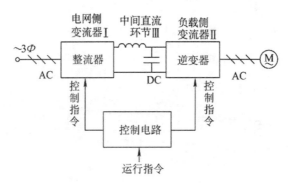

图 12-2　交—直—交变频器的基本构成

（2）按变频器的用途分类。变频器按用途可分为通用变频器和专用变频器。

通用变频器的特点是其通用性。随着变频技术的发展和市场需要的不断扩大，通用变频器也在朝着两个方向发展：一是低成本的简易型通用变频器，二是高性能的多功能通用变频器。专用变频器包括用在超精密机械加工中的高速电动机驱动的高频变频器，以及大容量、高电压的高压变频器。

3. 变频器的额定值和频率指标

（1）输入侧的额定值。

输入侧的额定值主要是指电压和相数。在我国的中小容量变频器中，输入电压的额定值有以下几种：380V/50Hz、200～300V/50Hz 或 60Hz。

（2）输出侧的额定值。

①输出电压 U_N，由于变频器在变频的同时也要变压，所以输出电压的额定值是指输出电压中的最大值。在大多数情况下，它就是输出频率等于电动机频率时的输出电压值。

②输出电流 I_N，是指允许长时间输出的最大电流，是用户在选择变频器时的主要依据。

③输出容量 S_N（kVA）：S_N 与 U_N、I_N 的关系为 $S_N = 1.732 U_N I_N$。

④配用电动机容量 P_N（kW）：变频器说明书中规定的配用电动机容量，仅适合于长期连续负载。

⑤过载能力：变频器的过载能力是指其输出电流超过额定电流的允许范围和时间。大多数变频器都规定为 $150\% I_N$、60s，$180\% I_N$、0.5s。

（3）频率指标。

①频率范围：即变频器能够输出的最高频率 f_{max} 和最低频率 f_{min}。各种变频器规定的频率范围不尽一致，通常最低工作频率为 0.1～1Hz，最高工作频率为 120～650Hz。

②频率精度：指变频器输出频率的准确程度。在变频器使用说明书中规定的条件下，由变频器的实际输出频率与设定频率之间的最大误差与最高工作频率之比的百分数来表示。

③频率分辨率，指输出频率的最小改变量，即每相邻两挡频率之间的最小差值，一般分为模拟设定分辨率和数字设定分辨率两种。

4. 变频器的型号说明

变频器的种类和型号很多，这里主要介绍三菱系列的变频器。三菱 FR-A740-0.75kW-CH 变频器型号说明如图 12-3 所示。

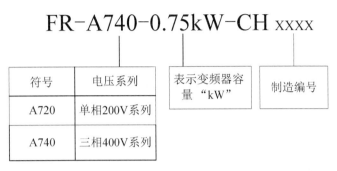

図 12-3　变频器型号说明

5. 变频器的操作方式

变频器与外界交换信息的接口很多，除了主电路的输入与输出接线端外，控制电路还设有很多输入/输出端子，另有通信接口及一个操作面板，基本参数的设置一般就通过操作面板完成。

变频器的输出频率控制有以下几种方式：

（1）操作面板控制方式。这是通过操作面板上的按钮手动设置输出频率的一种操作方式。具体操作又有两种方法：一种按面板上频率上升或频率下降的按钮调节输出频率，另一种方法是通过直接设定频率数值调节输出频率。

（2）外输入端子数字量频率选择操作方式。变频器常设有多段频率选择功能。各段频率值通过功能码设定，频率段的选择通过外部端子选择。变频器通常在控制端子中设置一些控制端，如图 12-4 中有 RH、RM、RL 三个端子，这些端子的接通组合可以有多种速度选择，而它们的接通可通过机外设备如 PLC 控制实现。

（3）外输入端子模拟量频率选择操作方式。为了方便与输出量为模拟电流或电压的调节器、控制器连接，变频器还设置了模拟量输入端，如图 12-4 中 AU 端为电流输入端，10、2、5 端为电压输入端，当接在这些端口上的电流或电压量在一定范围内平滑变化时，变频器的输出频率在一定范围内平滑变化。

（4）通信数字量操作方式。为了方便与网络接口，变频器一般都设有网络接口，可以通过通信方式接收频率控制指令，不少变频器生产厂家还为自己的变频器与 PLC 通信设计了专用的协议，具体使用见有关说明书。

6. 变频器的基本功能参数

变频器和 PLC 一样，是一种可编程的电气设备。在变频器接入电路工作前，要根据通用变频器的实际应用设置变频器的基本参数。基本参数一般有数十至数百条，涉及调速操作端口指定、系统保护等各个方面。基本参数在出厂时已按默认值存储。修订是为了使变频器的性能与实际工作任务更加匹配。表 12-1 所示是一些常用的基本功能参数。

表 12-1　三菱 FR-A740 型变频器基本功能参数一览

参数	名称	表示	设定范围	单位	出厂设定值
0	转矩提升	P0	0～15%	0.1%	6%　5%　4%
1	上限频率	P1	0～120Hz	0.1Hz	50 Hz
2	下限频率	P2	0～120Hz	0.1Hz	0 Hz
3	基波频率	P3	0～120Hz	0.1Hz	50 Hz
4	3 速设定（高速）	P4	0～120Hz	0.1Hz	50 Hz
5	3 速设定（中速）	P5	0～120Hz	0.1Hz	30 Hz
6	3 速设定（低速）	P6	0～120Hz	0.1Hz	10 Hz
7	加速时间	P7	0～999s	0.1s	5s
8	减速时间	P8	0～999s	0.1 s	5s
9	电子过电流保护	P9	0～50A	0.1A	额定输出电流
79	操作模式选择	P79	0～4，7，8	1	0

（1）转矩提升（P0）。可以把低频领域的电动机转矩按负荷要求调整。起动时，调整失速防止动作。使用恒转矩电动机时，可以使用如表 12-2 所示的设定值。

表 12-2　转矩提升参数设定值一览

电压系列 电动机输出/kW	0.2	0.4，0.75	1.5	2.2	3.7
400V 系列	—	6%	4%（出厂为 5%）	3%（出厂为 5%）	3%（出厂为 4%）
200V 系列	6%		4%（出厂为 5%）	—	

（2）输出频率范围（P1、P2）和基波频率（P3）。P1 为上限频率，用 P1 设定输出频率的上限，即使有高于此设定值的频率指令输入，输出频率也被钳位在上限频率；P2 为下限频率，用 P2 设定输出频率的下限；基波频率 P3 为电动机在额定转矩时的基准频率，在 0～120Hz 范围内设定。

（3）运行（P4、P5、P6）。P4、P5、P6 为 3 速设定（高速、中速和低速）的参数号，分别设定变频器的运行频率。至于变频器实际运行哪个参数设定的频率，则分别由其控制端子 RH、RM 和 RL 的闭合来决定，具体见下节内容。

（4）加减速时间（P7、P8）。P7 为加速时间，即用 P7 设置从 0Hz 加速到 P20 设定的频率的时间（注：P20 为加减速基准频率）；P8 为减速时间，即用 P8 设置从 P20 设定的频率减速到 0Hz 的时间。

（5）电子过电流保护（P9）。P9 用来设定电子过电流保护的电流值，以防止电动机过热。一般设定为电动机的额定电流值。

（6）操作模式选择（P79）。P79 用于选择变频器的操作模式，变频器的操作模式可以用外部信号操作，也可以用操作面板（PU 操作模式）进行操作。任何一种操作模式均可固定或组合使用。P79 的各种设定值代表的操作模式如表 12-3 所示。

表 12-3 变频器的操作模式（P79 的设定）

Pr.79 设定值	功能
0	PU 或外部操作可切换
1	PU 操作模式
2	外部操作模式
3	外部/PU 组合操作模式 1 运行频率——从 PU（FR-DU04/FR-PU04）设定（直接设定，或按[UP/DOWN]键设定）或外部输入信号（仅限多段速度设定） 起动信号——外部输入信号（端子 STF、STR）
4	外部/PU 组合操作模式 2 运行频率——外部输入信号（端子 2、4、1，点动，多段速度选择） 起动信号——从 PU（FR-DU04/FR-PU04）输入（[FWD]键，[REV]键）
6	切换模式 运行可进行 PU 操作，外部操作和计算机通讯操作（当用 FR-A5NR 选件时）的切换
7	外部操作模式（PU 操作互锁） X12 信号 ON——可切换到 PU 操作模式（正在外部运行时输出停车） X12 信号 OFF——禁止切换到 PU 操作模式
8	切换到除外部操作模式以外的模式（运行时禁止） X16 信号 ON——切换到外部切换模式 X16 信号 OFF——切换到 PU 切换模式

7. 变频器的外部端子接线

FR-A700 系列变频器的外部端子接线如图 12-4 所示，包括主电路和控制电路两部分，控制电路又包括输入端子部分和输出端子接线。主电路端子说明如表 12-4 所示，其中 FR-A740 型三相电源线必须接变频器的输入端子 R、S、T（没有必要考虑相序），输出端子 U、V、W 接三相电动机。输入/输出绝对不能接反，否则将损毁变频器，其接线图如图 12-4 上部分所示。FR-A720 型变频器是以三相 220V 作电源，接线参考 FR-A740。

表 12-4 主电路端子说明

端子记号	端子名称	说明
R、S、T	交流电源输入	连接工频电源。当使用高功率因数转换器时，确保这些端子不连接（FR-HC）
U、V、W	变频器输出	连三相鼠笼电动机
R1、S1	控制回路电源	与交流电源端子 R、S 连接。在保持异常显示和异常输出时或当使用高功率因数转换器（FH-HC）时，请拆下 R-R1 和 S-S1 之间的短路片，并提供外部电源到端子
R、N	连接制动单元	连接元件 FR-BU 型制动单元或电源再生单元（FR-RC）或高功率因数转换器（FR-HC）
P、P1	连接改善功率因数用 DC 电抗器	拆开端子 P-P1 间的短路片，连接元件改善功率因数用电抗器（FR-BEL）
PR、PX	厂家设定用端子，请不要接任何东西	
⏚	接地	变频器外壳接地用，必须接大地

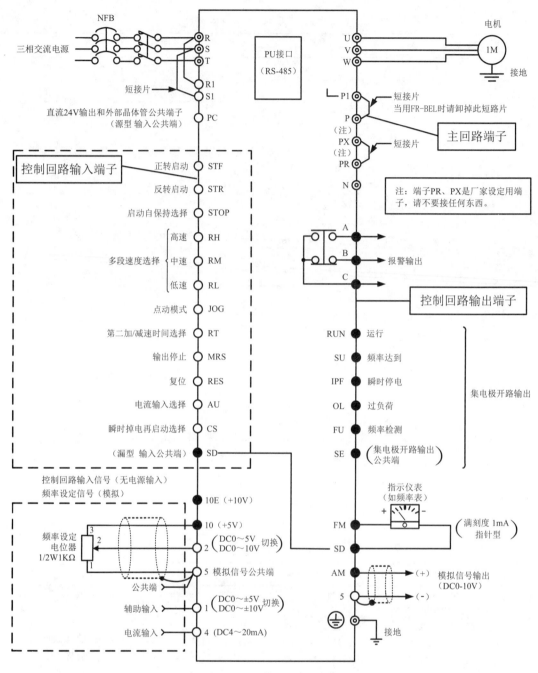

图 12-4　三菱 A740 接线图

　　控制电路端子说明如表 12-5 所示，根据输入端子功能参数可改变端子的功能，具体参数（如 P60～P63 等）的选择可参考变频器使用手册。例如，要将 STR 端子功能设置为 RES 复位状态，只要把参数 P63 设为"10"即可。

表 12-5　控制电路端子说明

类型	端子记号	端子名称	说明	
输入信号	STF	正转起动	STF 信号处于 ON 便正转，处于 OFF 便停止。程序运行模式时为程序运行开始信号(ON 开始,OFF 静止)	当 STF 和 STR 信号同时处于 ON 时，相当于给出停止指令
	STR	反转起动	STR 信号 ON 为逆转，OFF 为停止	
	STOP	起动自保持选择	使 STOP 信号处于 ON，可以选择起动信号自保持	
	RH、RM、RL	多段速度选择	用 RH、RM 和 RL 信号的组合可以选择多段速度	输入端子功能选择($Pr.180 \sim Pr.186$)，用于改变端子功能
	JOG	点动模式选择	JOG 信号 ON 时选择点动运行（出厂设定）。用起动信号（STF 和 STR）可以点动运行	
	RT	第二加/减速时间选择	RT 信号处于 ON 时选择第二加减速时间。设定了[第二力矩提升][第二 V/F（基底频率）]时，也可以在 RT 信号处于 ON 时选择这些功能	
	MRS	输出停止	MRS 信号为 ON（20ms 以上）时，变频器输出停止。用电磁制动停止电动机时，用于断开变频器的输出	
	RES	复位	用于解除保护回路动作的保持状态。使端子 RES 信号处于 ON 在 0.1s 以上，然后断开	
	AU	电流输入选择	只有端子 AU 信号处于 ON 时，变频器才可用直流 4～20mA 作为频率设定信号	输入端子功能选择($Pr.180 \sim Pr.186$)，用于改变端子功能
	CS	瞬停电再起动选择	CS 信号预先处于 ON，瞬时停电再恢复时变频器便可自动起动。但用这种运行必须设定有关参数，因为出厂时设定为不能再起动	
	SD	公共输入端子（漏型）	接点输入端子和 FM 端子的公共端。直接 24V、0.1A（PC 端子）电源的输出共公端	
	PC	直流 24V 电源和外部晶体管公共端接点接入公共端（源型）	当连接晶体管输出（集电极开路输出），例如可编程控制器时，将晶体管输出用的外部电源公共端连到这个端子时，可以防止因漏电引起的误动作，这端子可用于直流 24V、0.1A 电源输出，当选择源型时，这端子作为接点输出的公共端	
模拟	10E	频率设定用电源	10VDC，容许负荷电源 10mA	按出厂设定状态连接频率设定电位器时，与端子 10 连接
	10		5VDC，容许负荷电源 10mA	当连接 10E 时，请改变端子 2 的输入规格
	2	频率设定（电压）	输入 0～5VDC（或 0～10VDC）时 5V（10VDC）对应为最大输出频率。输入输出成比例，用参数单元进行输入直流 0～5V（出厂设定）和 0～10VDC 的切换，输入阻抗 10kΩ，容许最大电压为直流 20V	
	4	频率设定（电压）	DC4～20mA，20mA 为最大输出频率，输入输出成比例，只在端子 AU 信号处于 ON 时，该输入信号有效，输入阻抗 250Ω，容许最大电流为 30mA	
	1	辅助频率设定	输入 0～±5VDC 或 0～±10VDC 时，端子 2 或 4 的频率设定信号与这个信号相加，用参数单元进行输入直流 0～±5V 或 0～±10VDC（出厂设定）的切换，输入阻抗 10kΩ，容许电压直流±20VDC	
	5	频率设定公共端	频率设定信号（端子 2、1 或 4）和模拟输出端子 AM 的公共端子，请不要接大地	

续表

类型		端子记号	端子名称	说明	
输出信号	接点	A、B、C	异常输出	指示变频器因保护功能动作而输出停止的转换接点。AC230V 0.3A，30VDC 0.3A，异常时；B－C 间不导通（A－C 间导通），正常时，B－C 间导通（A－C 间不导通）	输出端子的功能选择，通过 *Pr*.190 ～ *Pr*.195 改变端子功能
		RUN	变频器正在运行	变频器输出频率在起动频率（出厂时为 0.5Hz，可变更）以上时为低电平，正在停止或正在直流制动时为高电平，容许负荷为 DC24V、0.1A	
	集电极开路	SU	频率到达	输出频率达到设定频率的±10%（出厂设定，可变更）时为低电平，正在加/减速或停止时为高电平，容许负荷为 DC24V、0.1A	
		OL	过负荷报警	当失速保护功能动作时为低电平，失速保护解除时为高电平，容许负荷为 DC24V、0.1A	
		IPF	瞬时停电	瞬时停电，电压不足保护动作时为低电平，容许负荷为 DC24V、0.1A	
		FU	频率检测	输出频率为任意设定的检测频率以上时为低电平，以下时为高电平，容许负荷为 DC24V、0.1A	
		SE	集电极开路输出公共端	端子 RUN、SU、OL、IPF、FU 的公共端子	
	脉冲	FM	指示仪表用	可以从 16 种监示项目中选一种作为输出，例如输出频率、输出信号与监示项目的大小成比例	出厂设定的输出项目：频率容许负荷电流 1mA，60Hz 时 1440 脉冲/秒
	模拟	AM	模拟信号输出		出厂设定的输出项目：频率输出信号 0 到 DC 10V，容许负荷电流 1mA
通讯	RS-485	—	PU 接口	通过操作面板的接口，进行 RS-485 通迅 • 遵守标准：EIA RS-485 标准 • 通讯方式：多任务通信 • 通讯速率：最大 19200 波特率 • 最长距离：500m	

8. 变频器的面板操作

FR-700 系列变频器的操作面板各按键及各显示符的功能如表 12-6 所示，变频器的外形和各部分名称如图 12-5 所示，其操作面板外形如图 12-6 所示。

表 12-6　操作面板各按键及各显示符的功能说明

显示/按钮	功能	说明
RUN 显示	运行时点亮/闪灭	点亮：正转运行中 慢闪灭（1.4s/次）：反转运行中 快闪灭（0.2s/次）：非运行中
PU 显示	PU 操作模式时点亮	计算机连接运行模式时，为慢闪亮
监视用 4 位 LED	表示频率、参数序号等	
EXT 显示	外部操作模式时点亮	计算机连接运行模式时，为慢闪亮

续表

显示/按钮	功能	说明
PU/EXT 键	切换 PU/外部操作模式	PU：PU 操作模式 EXT：外部操作模式 使用外部操作模式（用另外连接的频率设定旋钮和起动信号运行）时，请按下此键，使 EXT 显示为点亮状态
REV 键	运行指令正转	反转用（$Pr.17$）设定
STOP/RESET	进行运行的停止，报警的复位	
SET 键	确定各设置	
MODE 键	切换各设置模式	

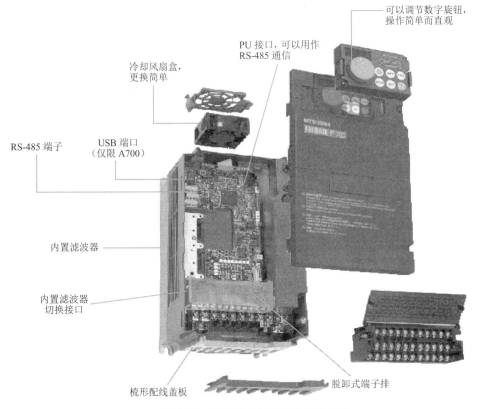

图 12-5　变频器的外形和各部分名称

9. 变频器的基本操作

操作变频器面板可进行运行模式切换；监视频率、电流、电压值；频率设定、参数设定及显示报警历史，具体步骤如图 12-7 所示。

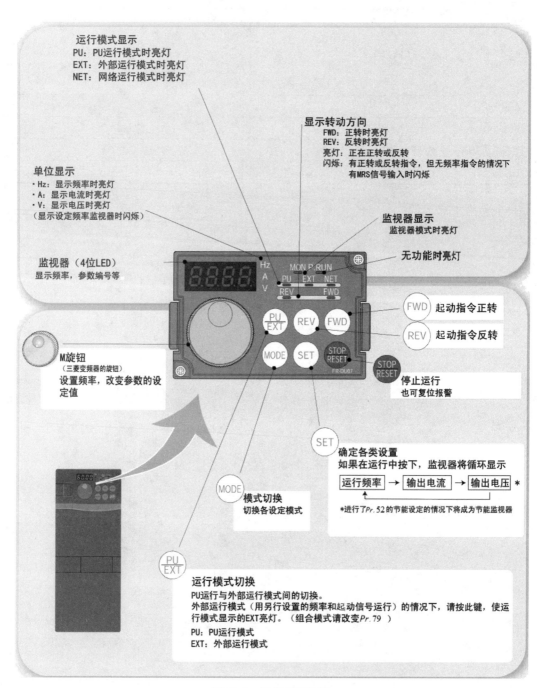

运行模式显示
PU：PU运行模式时亮灯
EXT：外部运行模式时亮灯
NET：网络运行模式时亮灯

显示转动方向
FWD：正转时亮灯
REV：反转时亮灯
亮灯：正在正转或反转
闪烁：有正转或反转指令，但无频率指令的情况下
　　　有MRS信号输入时闪烁

单位显示
·Hz：显示频率时亮灯
·A：显示电流时亮灯
·V：显示电压时亮灯
（显示设定频率监视器时闪烁）

监视器显示
监视器模式时亮灯

监视器（4位LED）
显示频率，参数编号等

无功能时亮灯

M旋钮
（三菱变频器的旋钮）
设置频率，改变参数的设
定值

FWD 起动指令正转

REV 起动指令反转

STOP
RESET
停止运行
也可复位报警

SET
确定各类设置
如果在运行中按下，监视器将循环显示

运行频率 → 输出电流 → 输出电压 *

*进行了Pr.52的节能设定的情况下将成为节能监视器

MODE
模式切换
切换各设定模式

PU
EXT
运行模式切换
PU运行与外部运行模式间的切换。
外部运行模式（用另行设置的频率和起动信号运行）的情况下，请按此键，使运
行模式显示的EXT亮灯。（组合模式请改变Pr.79）
PU：PU运行模式
EXT：外部运行模式

图 12-6　操作面板外形

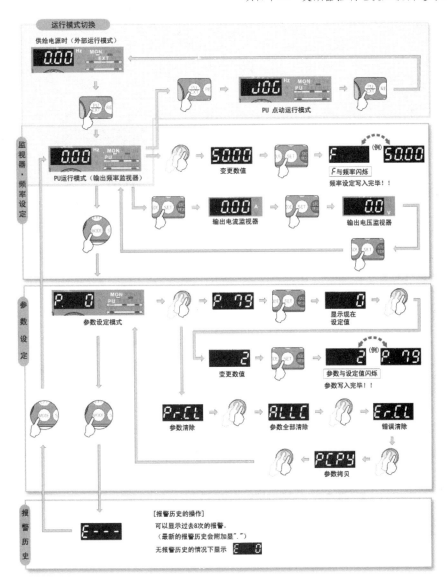

图 12-7　变频器的基本操作

（1）监视输出电压和电流，操作过程如图 12-8 所示。

图 12-8　监视输出电压和电流的操作过程

（2）变更参数。可改变参数号和参数设定值。以变更 *Pr*.1 上限频率为例，其操作过程如图 12-9 所示。

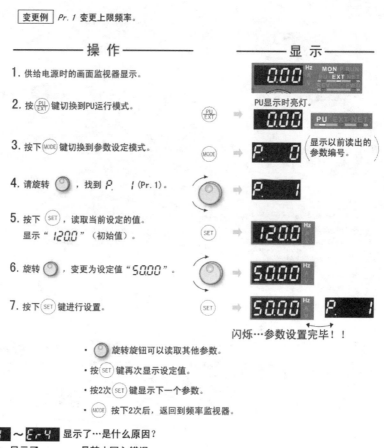

图 12-9　变更 *Pr*.1 上限频率的操作过程

（3）参数全部清除。通过设定 *Pr.CL* 参数全部清除，*ALLC* 参数全部清除=1，使参数恢复为初始值（如果设定 *Pr*.77 参数写入选择=1，则无法清除），参数清除过程如图 12-10 所示。

更多功能请参考变频器使用手册。

10. 变频器的外部运行操作模式

（1）外部信号控制变频器连续运行。图 12-11 所示是外部信号控制变频器连续运行的接线图。当变频器需要外部信号控制连续运行时，将 P79 设为 2，此时 EXT 灯亮，变频器的起动、停止以及频率都通过外部端子由外部信号来控制。

若按图 12-11（a）所示接线，当合上 SB1 并调节电位器 RP 时，电动机可正向加、减速运行；当断开 SB1 时，电动机即停止运行。当合上 SB2 并调节电位器 RP 时，电动机可反向加、减速运行；当断开 SB2 时，电动机即停止运行。

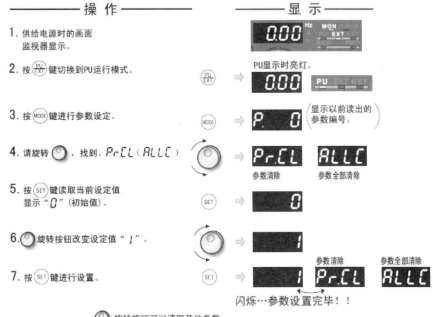

图 12-10　参数清除过程

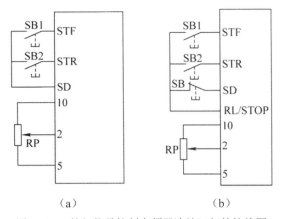

(a)　　　　　　　　　　　　　(b)

图 12-11　外部信号控制变频器连续运行的接线图

若按图 12-11（b）所示接线，将 RL 端子功能设置为 STOP（运行自保持）状态（P60=5），当按下 SB1 并调节电位器 RP 时，电动机可正向加、减速运行，当断开 SB1 时，电动机继续运行，当按下 SB 时，电动机立即停止运行；当按下 SB2 并调节电位器 RP 时，电动机可反向加、减速运行，当断开 SB2 时，电动机继续运行，按下 SB 时，电动机立即停止运行。当先按下 SB1（或 SB2）时，电动机可正向（或反向）运行，之后再按下 SB2（或 SB1）时，电动机即停止运行。

（2）外部信号控制点动运行（P15、P16）。当变频器需要用外部信号控制点动运行时，可将 P60～P63 的设定值定为 9，这时对应的 RL、RM、RH、STR 可设定为点动运行端口。点动运行频率由 P15 决定，并且需把 P15 的设置值设定在 P13 的设置值之上；点动加、减速时间参数由 P16 设定。

按图 12-12 所示接线，将 P79 设为 2，变频器只能执行外部操作模式。将 P60 设为 9，并将对应的 RL 端子设定为点动运行端口（JOG），此时变频器处于外部点动状态，设定好点动运行频率（P15）和点动加、减速时间参数（P16）。在此条件下，若按下 SB1，电动机点动正向运行；若按下 SB2，电动机点动反向运行。

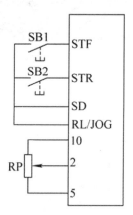

图 12-12　外部运行模式点动运行接线图

11. 操作面板 PU 与外部信号的组合控制

（1）外部端子控制电动机起停，操作面板 PU 设定运行频率（P79=3）。当需要操作面板 PU 与外部信号的组合控制变频器连续运行时，将 P79 设为 3，EXT 和 PU 灯同时亮，可用外部端子 STF 或 STR 控制电动机的起动、停止，用操作面板 PU 设定运行频率。在图 12-11（a）中，合上 SB1，电动机正向运行在 PU 设定的频率上，断开 SB1，即停止；合上 SB2，电动机反向运行在 PU 设定的频率上，断开 SB2，即停止。

（2）操作面板 PU 控制电动机的起动、停止，用外部端子设定运行频率（P79=4）。若将 P79 设为 4，EXT 和 PU 灯同时亮，可用按操作面板 PU 上的 RUN 和 STOP 键控制电动机的起动、停止，调节外部电位器 RP，可改变运行频率。

12.4　项目任务实施

1. 控制要求分析

本项目一共有 3 个任务，其一是三相异步电动机正反转起动与停止及频率调节的功能仅通过 PU 面板来实现，其接线图如图 12-13 所示；其二是三相异步电动机正反转起动与停止及频率调节的功能不使用面板而是用外部起动与停止按钮及可调电位器完成，其接线图如图 12-14 所示；其三是三相异步电动机正反转起停使用外部起停按钮，使用 PLC 控制正反转动作，并用外部可调电位器实现调速功能。这 3 个任务是由简及难的过程，最终训练大家掌握变频器多种模式实现三相异步电动机调速功能。

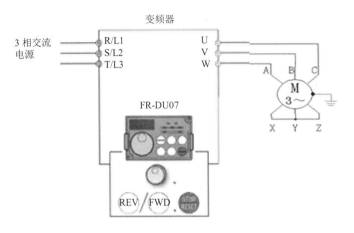

图 12-13　变频器电动机接线图

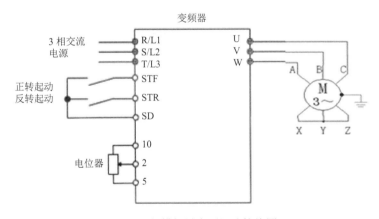

图 12-14　运行模拟量电压调速接线图

2. 变频器的参数设定

变频器的设定参数多，每个参数均有一定的选择范围，使用中常常遇到因个别参数设置不当导致变频器不能正常工作的现象。变频器的品种不同，参数量亦不同，但不论参数或多或少，在调试中并不需要把所有参数都重新设置，大多数按出厂值设置即可，但有些参数由于和实际使用情况有很大关系，因此使用时应把原出厂值不适用于现场控制的参数予以重新设置。本项目需要设置的基本参数如下：

（1）上限频率 $Pr.1=50\text{Hz}$。

（2）下限频率 $Pr.2=0\text{Hz}$。

（3）基波频率 $Pr.2=50\text{Hz}$。

（4）加速时间 $Pr.7=2.5\text{s}$。

（5）减速时间 $Pr.8$=2.5s。

（6）电子过电流保护 $Pr.9$ 设为电动机的额定电流。

（7）操作模式选择 $Pr.79$=1 或 2（视本项目实际需要设置）。

3. 接线图

任务一使用 PU 面板控制三相异步电动机正反转，所以只需要和电动机进行连接，如图 12-13 所示。频率的调节使用面板上的 🔘 来完成。

任务二是用外部按钮起停，并用外部模拟量电压变频调速：变频器的输出最高频率不要超过电机的额定运转频率。1k 的可调电位器在电路没接通之前，应旋到阻值最大。通过改变可调电位器的阻值来改变变频器的输出频率，电机的转速随电压的升高而加快。通过外部端子 2 输入电压来控制输出的频率，从而控制电机的转速。用电压表对电压输入进行监视。其电路图如图 12-14 所示。

任务三使用 PLC 控制电机正反转并用外部模拟量电压实现变频调速，其电路图如图 12-15 所示。

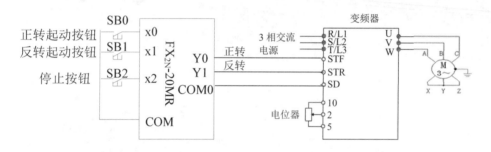

图 12-15　PLC 控制接线图

4. 具体实施过程

对于任务一，其实施步骤如下：

（1）电源未接通前，按图 12-13 接好变频器和电动机。

（2）给变频器通电，按 MODE 键，在参数设定模式下，设置好如前面变频器的参数设定所述的参数且 $Pr.79$=1，这时 PU 灯亮。

（3）按 MODE 键，在频率设定模式下，设 f=40Hz。

（4）按 MODE 键，选择监视模式。

（5）按 FWD 或 REV 键，电动机正转或反转，监视各输出量，按 STOP 键，电动机停止。

（6）按 MODE 键，在参数设定模式下分别设置变频器的运行频率为 35Hz、45Hz、50Hz，运行变频器，观察电动机的运行情况。

对于任务二，其实施步骤如下：

（1）电源未接通前，按图 12-14 正确连接好变频器、电动机、电位器和控制开关（开关 SA1、SA2）。

（2）给变频器通电，按 MODE 键，在参数设定模式下，设置好如前面变频器的参数设定所述的参数且 $Pr.79$=2，这时 PU 灯亮。

（3）合上正转起动或反转起动开关，电动机正转或反转，注意正转与反转开关同时为 ON 时不起动，运行时两个都为 ON 时，减速后停止，按 MODE 键，选择监视模式，监视各输出量。

（4）将电位器慢慢向右旋转到最大，电动机慢慢加速到上限频率 50Hz；将电位器慢慢向左旋转到最小，电动机慢慢减速到下限频率 0Hz。

（5）断开正转或反转起动开关，电动机停止转动。

对于任务三，其实施步骤如下：

（1）电源未接通前，按图 12-15 正确连接好 PLC、变频器、电动机、电位器和控制按钮（SB1、SB2）。

（2）给变频器通电，按 MODE 键，在参数设定模式下设置好如前面变频器的参数设定所述的参数且 *Pr*.79=2，这时 PU 灯亮。

（3）打开 GX Developer 编程软件，编写 PLC 控制电机正反转程序，如图 12-16 所示，并下载至 PLC。

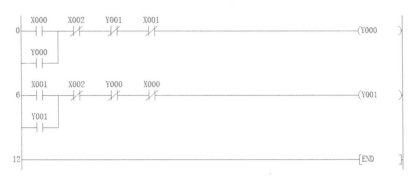

图 12-16　PLC 控制电机正反转梯形图

（4）按下 SB0 正转起动或 SB1 反转起动按钮，电动机正转或反转，按 MODE 键，选择监视模式，监视各输出量。

（5）将电位器慢慢向右旋转到最大，电动机慢慢加速到上限频率 50Hz；将电位器慢慢向左旋转到最小，电动机慢慢减速到下限频率 0Hz。

（6）按下 SB2 停止按钮，电动机停止转动。

学习任务单卡 13

班级：_____　学号：_____　姓名：_____　实训日期：

课程信息	课程名称	教学单元	本次课训练任务	学时	实训地点
	PLC 应用技术	变频器控制电机调速的 PLC 控制（一）	任务 1 认识变频器（以 FR-A700 变频器为例）	2	PLC 实训室
			任务 2 变频器 PU 模式与外部模式控制电机正反转	2	
任务描述	认识变频器的基本功能参数和外部端子等，掌握变频器主电路接线和面板操作，会查阅变频器手册，能进行参数设置，并能用变频器在 PU 模式与外部模式下控制电机正反转。				
学做过程记录	任务 1 认识变频器（以 FR-A700 变频器为例）				
	1. 操作面板中用于选择操作模式或设定模式的是_____键，用于频率和参数设定的是_____键，用于给出变频器的正转指令的是_____键，用于给出变频器的反转指令的是_____键，用于 PU 面板操作时停止运行或用于保护功能动作输出停止时复位变频器（用于主要故障）的是_____键。 A. SET　　　 B. MODE　　　 C. STOP/RESET　　　 D. REV　　　 E. FWD				
	2. 上电：将变频器的交流电源输入端子 R、S、T 与三相电源 U、V、W 分别相连接，打开变频器电源开关，给变频器上电，将电动机与变频器相连接。				

【教师现场评价：完成□，未完成□】

任务 2 变频器 PU 模式与外部模式控制电机正反转

1. 变频器 PU 模式控制电机正反转：将用户以前所设参数全部清除，将 *Pr.*79 设定为 1 或 0，确认变频器 PU 灯亮；设定正转频率 *f*=35Hz，反转频率 *f*=48Hz，在 PU 面板上按下正转起动 FWD 键或反转起动 REV 键，使电机正转或反转；停止。

【教师现场评价：完成□，未完成□】

2. 变频器外部模式控制电机正反转：按图接线，再接外部停止按钮 SB3 与 MRS 相连。

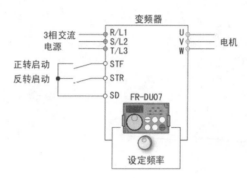

图 1　变频器外部模式控制电机正反转系统的 PLC 接线图

【教师现场评价：完成□，未完成□】

3. 将用户以前所设参数全部清除，将 *Pr.*79 设定为 2 设定正转频率 *f*=15Hz，反转频率 *f*=45Hz，按下外部正转起动按钮 SB1 或反转起动按钮 SB2，使电机正转或反转；按停止按钮停止电机

【教师现场评价：完成□，未完成□】

学做过程记录

学生自我评价　A．基本掌握　　B．大部分掌握　　C．掌握一小部分　　D．完全没掌握　　　选项（　　　　　）

学生建议

12.5　思考与练习

1．电动机的起动和停止时间与变频器的哪些参数有关？

2．在变频器的外部端子中，用作输入信号和输出信号的分别是什么？

3．在图 12-15 中使用了开关正反转控制电动机，若将开关改成按钮，则只能实现点动，如何用按钮实现正反转控制的连续运行？

项目十三　变频器控制电机 7 段速运行的 PLC 控制

13.1　项目训练目标

1．能力目标

（1）会查阅变频器手册，能熟练进行参数设置。

（2）能排除变频器简单故障。

（3）能较熟练分配 I/O 端口，设计其系统接线图并实现变频器对 PLC 的多段速控制。

2．知识目标

（1）熟悉变频器多段调速的参数设置和外部端子的接线。

（2）了解 PLC 和变频器综合控制的一般方法。

（3）熟练掌握变频器使用。

13.2　项目训练任务

用 PLC、变频器设计一个电动机 7 段速运行的综合控制系统，其控制要求为：按下起动按钮，电动机以表 13-1 设置的频率进行 7 段速度运行，每隔 5s 变化一次速度，最后电动机以 5Hz 的频率运行 5s 后停止，按停止按钮，电动机即停止工作。利用"单速运行（调整）/自动运行"选择开关可以实现单独选择任一挡速度保持恒定运行。按下起动按钮起动恒速运行，按下停止按钮，恒速运行停止，旋转方向都为正转。为了检修或调整方便，系统设有点进和点退功能。选择开关位于"单速运行（调整）"挡，电动机选用 10Hz 转速运行。

表 13-1　7 段速度的设定值

7 段速度	1 段	2 段	3 段	4 段	5 段	6 段	7 段
设定值	10Hz	15Hz	20Hz	30Hz	35Hz	40Hz	5Hz

13.3　相关知识点

变频器的多段调速就是通过变频器参数来设定其运行频率，然后通过变频器的外部端子来选择执行相关参数所设定的运行频率。多段调速是变频器的一种特殊的组合运行方式，其运行频率由 PU 单元的参数来设置，起动和停止由外部输入端子来控制。多段速设定只在外部操作模式或 PU/外部并行模式（$Pr.79=3$、4）中有效。可通过开启、关闭外部触点信号（RH、RM、RL、RES 信号）选择多种速度。变频器可以在 3 段速度下运行，其运行频率由 $Pr.4$、$Pr.5$、$Pr.6$ 决定；如果不使用 RES 信号，则可以在 7 段速度下运行，其运行频率由 $Pr.24$、$Pr.25$、$Pr.26$、$Pr.27$ 决定，如表 13-2 所示；如果使用 RES 信号，则可以在 15 段速度下运行，至于变频器实际运行哪个参数设定的频率，则分别由其外部控制端子 RH、RM、RL 的闭合来决定。

变频器多段速控制外部接线图如图 13-1 所示。

表 13-2   7 段速度对应的参数号和端子

7 段速度	1 段	2 段	3 段	4 段	5 段	6 段	7 段
输入端子闭合	RH	RM	RL	RM、RL	RH、RL	RH、RM	RH、RM、RL
参数号	Pr.4	Pr.5	Pr.6	Pr.24	Pr.25	Pr.26	Pr.27

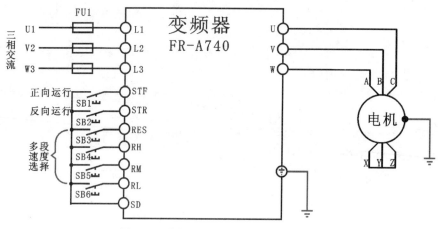

图 13-1   变频器多段速控制外部接线图

图 13-2 所示为 7 段速度对应的端子示意图。可通过变频器参数来设定下列各段速度参数：$Pr.4=50Hz$，$Pr.25=40Hz$，$Pr.5=30Hz$，$Pr.26=35Hz$，$Pr.6=10Hz$，$Pr.27=8Hz$，$Pr.24=15Hz$。

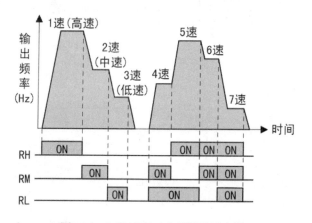

图 13-2   7 段速度对应的端子示意图

RH 为 ON 时，变频器输出频率为 50Hz，1 段速；若 RM 为 ON，则变频器输出频率为 30Hz，2 段速；若 RL 为 ON，则变频器输出频率为 10Hz，3 段速；若 RM、RL 同时为 ON，则变频器输出频率为 15Hz，4 段速；依此类推。图 13-3 所示为 15 段速度对应的端子示意图。

通过 PLC 可以对自动化设备进行智能控制。PLC 控制变频器的频率一般有以下两种方法：

（1）模拟量控制。可以用模拟量输入和输出模块根据变频器的具体要求选择 0～10V 电压或 4～20mA 电流输出，控制变频器的频率，变频器的频率反馈根据要求可以选择模拟量输入进行采集（也可以不采集，开环控制）。

（2）串行总线通信控制。高档的变频器有通信接口 USS，像 Profibus DP、SIMOLINK 等，可以通过 PLC 的通信端口（或通信模块）给定频率值，变频器和 PLC 间可相互通信。

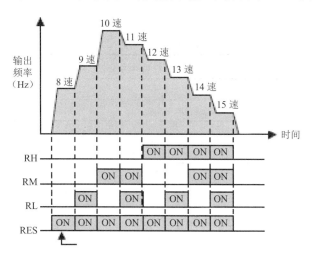

图 13-3　15 段速度对应的端子示意图

13.4　项目任务实施

1. 设计思路

变频器的多段运行信号通过 PLC 的输出端子来提供，即通过 PLC 控制变频器的 RL、RM、RH、STR、STF 端子与 SD 端子的通和断。将 P79 设为 3，采用操作面板 PU 与外部信号的组合控制，用操作面板 PU 设定运行频率，用外部端子控制电动机的起动、停止。

2. 变频器的参数设置

根据表 13-2 所示的控制要求设定变频器的基本参数、操作模式和多段速设定等参数，具体如下：

（1）上限频率 P1=50Hz。

（2）下限频率 P2=0Hz。

（3）基波频率 P3=50Hz。

（4）加速时间 P7=1.5s。

（5）减速时间 P8=2s。

（6）电子过电流保护 P9 设定为电动机的额定电流。

（7）操作模式选择（组合）P79=3。

（8）多段速度设定（1 速）P4=10Hz。

（9）多段速度设定（2 速）P5=15Hz。

（10）多段速度设定（3 速）P6=20Hz。

（11）多段速度设定（4 速）P24=30Hz。

（12）多段速度设定（5 速）P25=35Hz。

（13）多段速度设定（6 速）P26=40Hz。

（14）多段速度设定（7 速）P27=5Hz。

3. PLC 的 I/O 分配

根据系统控制要求分配 PLC 输入/输出口，如表 13-3 所示。

表 13-3　PLC 输入/输出分配

PLC 的 I/O 地址	连接的外部设备	在控制系统中的作用	
X1	SA1	起动 1 速	
X2	SA2	起动 2 速	
X3	SA3	起动 3 速	
X4	SA4	起动 4 速	
X5	SA5	起动 5 速	
X6	SB1	点进	
X7	SB2	点退	
X10	SB3	停止	
X11	SB4	起动	
X15	SA6	单速运行（调整）/自动运行	
Y1	RL	变频器输入端子	多段速度输入选择端
Y2	RM		
Y3	RH		
Y4	STF（正向）		电动机的转动方向控制端
Y5	STR（反向）		

4. 外部接线图绘制

PLC 与变频器的外部接线图如图 13-4 所示，PLC 选用 FX$_{2N}$-48MR，变频器选用 FR-A740。

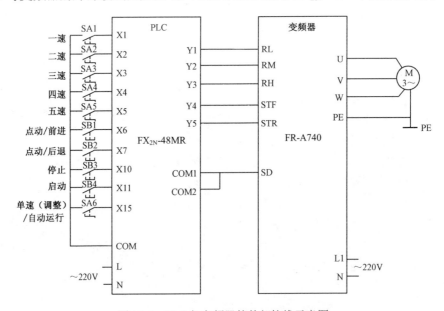

图 13-4　PLC 与变频器的外部接线示意图

5. 编写 PLC 控制程序

控制要求有 3 个：一是按一定的时间自动切换，二是手动控制速度切换，三是点退和点进，因此控制程序分别如图 13-5 所示。

注意： ①多段速比主速度优先。

②多段速在 PU 和外部运行中都可设定。

③3 速设定的场合，2 速以上同时被选择时，低速信号的设定频率优先。

④*Pr*.24 ~ *Pr*.27 和 *Pr*.232 ~ *Pr*.239 之间的设定没有优先级。

⑤运行参数值能被改变。

⑥当用 *Pr*.180 ~ *Pr*.186 改变端子分配时，其他功能可能受影响。设定前检查相应的端子功能。

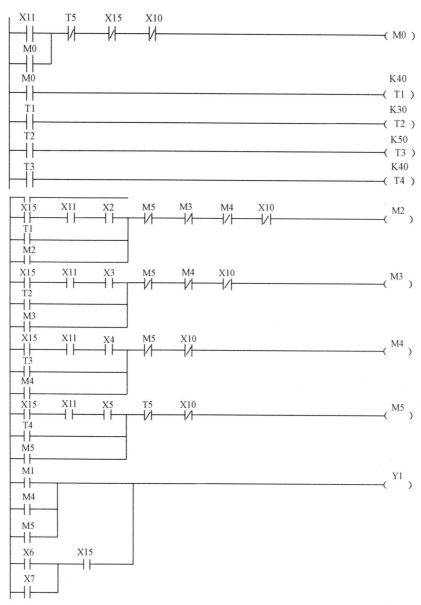

图 13-5　PLC 控制程序

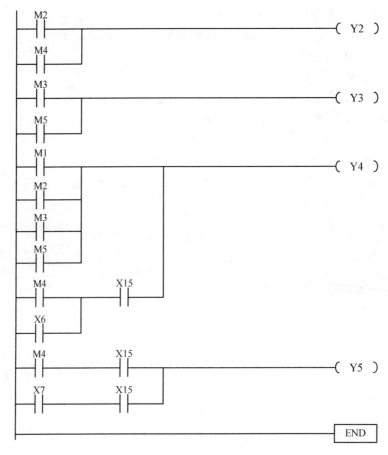

图 13-5　PLC 控制程序（续图）

6. 具体实施过程

（1）电源未接通前，按图 13-4 所示接好变频器和电动机、电位器和控制开关。

（2）给变频器通电，按 MODE 键，在参数设定模式下设置好变频器的参数，如 *Pr*.79=3，这时 PU 灯亮。

（3）按下起动按钮，电动机以表 13-1 设置的频率进行 7 段速度运行，每隔 5s 变化一次速度，按 MODE 键，选择"监视模式"，监视各输出量。最后电动机以 5Hz 的频率运行 5s 后停止，利用"单速运行（调整）/自动运行"选择开关可以实现单独选择任一挡速度保持恒定速度运行。按下起动按钮起动恒速运行，按下停止按钮，恒速运行停止，旋转方向都为正转。

（4）按停止按钮，电动机即停止工作。

（5）系统设有点进和点退功能。选择开关位于"单速运行（调整）"挡，电动机选用 10Hz 转速运行。

13.5　思考与练习

1. 某工厂一台龙门铣床工作台原来采用直流电机拖动系统，能通过手动按钮实现 4 段速控制。但是现在直流系统故障，厂家决定放弃原直流调速系统改用交流调速方式。要求项目安装调试单位完成项目安装和调试。从龙门铣床的工作流程可知：工作台的运行速度有 4 段，即 n1、n2、n3 和返回运行速度，四段速度分别为 145r/min、290r/min、580r/min、1160r/min。其控制信号取自铣床无触点开关。原工作台直流电机参数为 18.5kW、1000r/min，对应的交流电机参数为 18.5kW、970r/min。

2．设计 PLC 三速电动机控制系统。

控制要求：起动低速运行 3s，KM1、KM2 接通；中速运行 3s，KM3 通（KM2 断开）；高速运行 KM4、KM5 接通（KM3 断开）。

学习任务单卡 14

班级：_____　学号：_____　姓名：_____　实训日期：_____

	课程名称	教学单元	本次课训练任务	学时	实训地点
课程信息	PLC 应用技术	变频器控制电机调速的 PLC 控制（二）	任务 1 电动机的 7 段速运行	2	PLC 实训室
			任务 2 变频器与 PLC 组合模式控制电机正反转	2	
任务描述	能将变频器与外部以及 PLC 相连接，并进行参数设置，能运行和调试电动机 7 段速，实现变频器与 PLC 组合模式控制电机正反转。				
学做过程记录	任务 1 电动机的 7 段速运行				
	控制要求：按起动按钮后起动（30Hz），按 RM 对应的按钮后即加速（48Hz），按 RL 对应的按钮后即减速（10Hz），按停止按钮后开始停止。 实训步骤： 1．根据控制要求设定变频器参数如下：PU 操作模式 $Pr.79=1$，清除所有参数；PU 操作模式 $Pr.79=1$；上限频率 $Pr.1=50Hz$；下限频率 $Pr.2=0Hz$；加速时间 $Pr.7=1s$；减速时间 $Pr.8=1s$；电子过电流保护 $Pr.9=$电动机的额定电流；基底频率 $Pr.20=50Hz$； 设置下列各段速度参数： $Pr.4=35Hz$　　$Pr.5=25Hz$　　$Pr.6=20Hz$　　$Pr.24=30Hz$　　$Pr.25=40Hz$　　$Pr.26=45Hz$　　$Pr.27=50Hz$ 【教师现场评价：完成□，未完成□】 2．按图 1 接线，然后按控制要求实现电机 7 段速运行。 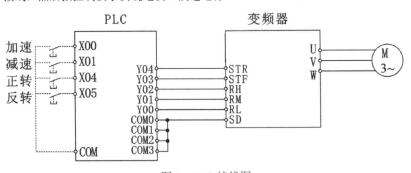 图 1　PLC 接线图 【教师现场评价：完成□，未完成□】				
	任务 2 变频器与 PLC 组合模式控制电机正反转				
	1．按图 2 将电源、变频器和 PLC 连接起来。				

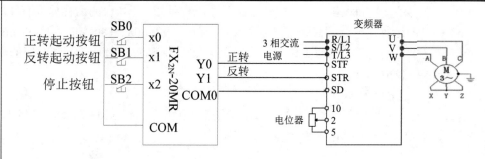

图 2　PLC 接线图

【教师现场评价：完成□，未完成□】

2．设定正转频率 f=15Hz，设定反转频率 f=45Hz，编写 PLC 程序输入 PLC，实现变频器与 PLC 组合模式控制电机正反转。

【教师现场评价：完成□，未完成□】

学生自我评价	A．基本掌握　　B．大部分掌握　　C．掌握一小部分　　D．完全没掌握　　选项（　　　　　）
学生建议	

附录 1 三菱 FX 系列 PLC 应用指令一览表

分类	FNC	指令助记符	功能说明	对应不同型号的 PLC				
				FX$_{0S}$	FX$_{0N}$	FX$_{1S}$	FX$_{1N}$	FX$_{2N}$ FX$_{2NC}$
程序流程	00	CJ	条件跳转	✓	✓	✓	✓	✓
	01	CALL	子程序调用	×	×	✓	✓	✓
	02	SRET	子程序返回	×	×	✓	✓	✓
	03	IRET	中断返回	✓	✓	✓	✓	✓
	04	EI	开中断	✓	✓	✓	✓	✓
	05	DI	关中断	✓	✓	✓	✓	✓
	06	FEND	主程序结束	✓	✓	✓	✓	✓
	07	WDT	监视定时器刷新	✓	✓	✓	✓	✓
	08	FOR	循环的起点与次数	✓	✓	✓	✓	✓
	09	NEXT	循环的终点	✓	✓	✓	✓	✓
传送与比较	10	CMP	比较	✓	✓	✓	✓	✓
	11	ZCP	区间比较	✓	✓	✓	✓	✓
	12	MOV	传送	✓	✓	✓	✓	✓
	13	SMOV	位传送	×	×	×	×	✓
	14	CML	取反传送	×	×	×	×	✓
	15	BMOV	成批传送	×	✓	✓	✓	✓
	16	FMOV	多点传送	×	×	×	×	✓
	17	XCH	交换	×	×	×	×	✓
	18	BCD	二进制转换成 BCD 码	✓	✓	✓	✓	✓
	19	BIN	BCD 码转换成二进制	✓	✓	✓	✓	✓
算术与逻辑运算	20	ADD	二进制加法运算	✓	✓	✓	✓	✓
	21	SUB	二进制减法运算	✓	✓	✓	✓	✓
	22	MUL	二进制乘法运算	✓	✓	✓	✓	✓
	23	DIV	二进制除法运算	✓	✓	✓	✓	✓
	24	INC	二进制加 1 运算	✓	✓	✓	✓	✓
	25	DEC	二进制减 1 运算	✓	✓	✓	✓	✓
	26	WAND	字逻辑与	✓	✓	✓	✓	✓

分类	FNC	指令助记符	功能说明	对应不同型号的 PLC				
				FX$_{0S}$	FX$_{0N}$	FX$_{1S}$	FX$_{1N}$	FX$_{2N}$ FX$_{2NC}$
	27	WOR	字逻辑或	✓	✓	✓	✓	✓
	28	WXOR	字逻辑异或	✓	✓	✓	✓	✓
	29	NEG	求二进制补码	✕	✕	✕	✕	✓
循环与移位	30	ROR	循环右移	✕	✕	✕	✕	✓
	31	ROL	循环左移	✕	✕	✕	✕	✓
	32	RCR	带进位右移	✕	✕	✕	✕	✓
	33	RCL	带进位左移	✕	✕	✕	✕	✓
	34	SFTR	位右移	✓	✓	✓	✓	✓
	35	SFTL	位左移	✓	✓	✓	✓	✓
	36	WSFR	字右移	✕	✕	✕	✕	✓
	37	WSFL	字左移	✕	✕	✕	✕	✓
	38	SFWR	FIFO（先入先出）写入	✕	✕	✓	✓	✓
	39	SFRD	FIFO（先入先出）读出	✕	✕	✓	✓	✓
数据处理	40	ZRST	区间复位	✓	✓	✓	✓	✓
	41	DECO	解码	✓	✓	✓	✓	✓
	42	ENCO	编码	✓	✓	✓	✓	✓
	43	SUM	统计 ON 位数	✕	✕	✕	✕	✓
	44	BON	查询位某状态	✕	✕	✕	✕	✓
	45	MEAN	求平均值	✕	✕	✕	✕	✓
	46	ANS	报警器置位	✕	✕	✕	✕	✓
	47	ANR	报警器复位	✕	✕	✕	✕	✓
	48	SQR	求平方根	✕	✕	✕	✕	✓
	49	FLT	整数与浮点数转换	✕	✕	✕	✕	✓
高速处理	50	REF	输入/输出刷新	✓	✓	✓	✓	✓
	51	REFF	输入滤波时间调整	✕	✕	✕	✕	✓
	52	MTR	矩阵输入	✕	✕	✓	✓	✓
	53	HSCS	比较置位（高速计数用）	✕	✓	✓	✓	✓
	54	HSCR	比较复位（高速计数用）	✕	✓	✓	✓	✓
	55	HSZ	区间比较（高速计数用）	✕	✕	✕	✕	✓
	56	SPD	脉冲密度	✕	✕	✓	✓	✓
	57	PLSY	指定频率脉冲输出	✓	✓	✓	✓	✓
	58	PWM	脉宽调制输出	✓	✓	✓	✓	✓
	59	PLSR	带加减速脉冲输出	✕	✕	✓	✓	✓

续表

分类	FNC	指令助记符	功能说明	对应不同型号的 PLC				
				FX$_{0S}$	FX$_{0N}$	FX$_{1S}$	FX$_{1N}$	FX$_{2N}$ FX$_{2NC}$
方便指令	60	IST	状态初始化	✓	✓	✓	✓	✓
	61	SER	数据查找	×	×	×	×	✓
	62	ABSD	凸轮控制（绝对式）	×	×	✓	✓	✓
	63	INCD	凸轮控制（增量式）	×	×	✓	✓	✓
	64	TTMR	示教定时器	×	×	×	×	✓
	65	STMR	特殊定时器	×	×	×	×	✓
	66	ALT	交替输出	✓	✓	✓	✓	✓
	67	RAMP	斜波信号	✓	✓	✓	✓	✓
	68	ROTC	旋转工作台控制	×	×	×	×	✓
	69	SORT	列表数据排序	×	×	×	×	✓
外部 I/O 设备	70	TKY	10 键输入	×	×	×	×	✓
	71	HKY	16 键输入	×	×	×	×	✓
	72	DSW	BCD 数字开关输入	×	×	✓	✓	✓
	73	SEGD	七段码译码	×	×	×	×	✓
	74	SEGL	七段码分时显示	×	×	✓	✓	✓
	75	ARWS	方向开关	×	×	×	×	✓
	76	ASC	ASCI 码转换	×	×	×	×	✓
	77	PR	ASCI 码打印输出	×	×	×	×	✓
	78	FROM	BFM 读出	×	✓	×	✓	✓
	79	TO	BFM 写入	×	✓	×	✓	✓
外围设备	80	RS	串行数据传送	×	✓	✓	✓	✓
	81	PRUN	八进制位传送（#）	×	✓	✓	✓	✓
	82	ASCI	16 进制数转换成 ASCI 码	×	✓	✓	✓	✓
	83	HEX	ASCI 码转换成 16 进制数	×	✓	✓	✓	✓
	84	CCD	校验	×	✓	✓	✓	✓
	85	VRRD	电位器变量输入	×	×	✓	✓	✓
	86	VRSC	电位器变量区间	×	×	✓	✓	✓
	87	—	—					
	88	PID	PID 运算	×	×	✓	✓	✓
	89	—	—					
浮点数运算	110	ECMP	二进制浮点数比较	×	×	×	×	✓
	111	EZCP	二进制浮点数区间比较	×	×	×	×	✓
	118	EBCD	二进制浮点数→十进制浮点数	×	×	×	×	✓

分类	FNC	指令助记符	功能说明	对应不同型号的 PLC				
				FX$_{0S}$	FX$_{0N}$	FX$_{1S}$	FX$_{1N}$	FX$_{2N}$ FX$_{2NC}$
	119	EBIN	十进制浮点数→二进制浮点数	×	×	×	×	✓
	120	EADD	二进制浮点数加法	×	×	×	×	✓
	121	EUSB	二进制浮点数减法	×	×	×	×	✓
	122	EMUL	二进制浮点数乘法	×	×	×	×	✓
	123	EDIV	二进制浮点数除法	×	×	×	×	✓
	127	ESQR	二进制浮点数开平方	×	×	×	×	✓
	129	INT	二进制浮点数→二进制整数	×	×	×	×	✓
	130	SIN	二进制浮点数 Sin 运算	×	×	×	×	✓
	131	COS	二进制浮点数 Cos 运算	×	×	×	×	✓
	132	TAN	二进制浮点数 Tan 运算	×	×	×	×	✓
	147	SWAP	高低字节交换	×	×	×	×	✓
定位	155	ABS	ABS 当前值读取	×	×	✓	✓	×
	156	ZRN	原点回归	×	×	✓	✓	×
	157	PLSY	可变速的脉冲输出	×	×	✓	✓	×
	158	DRVI	相对位置控制	×	×	✓	✓	×
	159	DRVA	绝对位置控制	×	×	✓	✓	×
时钟运算	160	TCMP	时钟数据比较	×	×	✓	✓	✓
	161	TZCP	时钟数据区间比较	×	×	✓	✓	✓
	162	TADD	时钟数据加法	×	×	✓	✓	✓
	163	TSUB	时钟数据减法	×	×	✓	✓	✓
	166	TRD	时钟数据读出	×	×	✓	✓	✓
	167	TWR	时钟数据写入	×	×	✓	✓	✓
	169	HOUR	计时仪（长时间检测）	×	×	✓	✓	
外围设备	170	GRY	二进制数→格雷码	×	×	×	×	✓
	171	GBIN	格雷码→二进制数	×	×	×	×	✓
	176	RD3A	模拟量模块（FX$_{0N}$-3A）A/D 数据读出	×	✓	×	✓	×
	177	WR3A	模拟量模块（FX$_{0N}$-3A）D/A 数据写入	×	✓	×	✓	×
触点比较	224	LD=	(S1)= (S2)时起始触点接通	×	×	✓	✓	✓
	225	LD>	(S1)> (S2)时起始触点接通	×	×	✓	✓	✓
	226	LD<	(S1)< (S2)时起始触点接通	×	×	✓	✓	✓
	228	LD<>	(S1)<> (S2)时起始触点接通	×	×	✓	✓	✓
	229	LD<=	(S1)≤ (S2)时起始触点接通	×	×	✓	✓	✓
	230	LD>=	(S1)≥ (S2)时起始触点接通	×	×	✓	✓	✓

续表

分类	FNC	指令助记符	功能说明	对应不同型号的 PLC				
				FX_{0S}	FX_{0N}	FX_{1S}	FX_{1N}	FX_{2N} FX_{2NC}
	232	AND=	(S1)= (S2)时串联触点接通	×	×	✓	✓	✓
	233	AND>	(S1)> (S2)时串联触点接通	×	×	✓	✓	✓
	234	AND<	(S1)< (S2)时串联触点接通	×	×	✓	✓	✓
	236	AND<>	(S1)<> (S2)时串联触点接通	×	×	✓	✓	✓
	237	AND<=	(S1)≤ (S2)时串联触点接通	×	×	✓	✓	✓
	238	AND>=	(S1)≥ (S2)时串联触点接通	×	×	✓	✓	✓
	240	OR=	(S1)= (S2)时并联触点接通	×	×	✓	✓	✓
	241	OR>	(S1)> (S2)时并联触点接通	×	×	✓	✓	✓
	242	OR<	(S1)< (S2)时并联触点接通	×	×	✓	✓	✓
	244	OR<>	(S1)<> (S2)时并联触点接通	×	×	✓	✓	✓
	245	OR<=	(S1)≤ (S2)时并联触点接通	×	×	✓	✓	✓
	246	OR>=	(S1)≥ (S2)时并联触点接通	×	×	✓	✓	✓

附录 2　FX_{2N}系统 PLC 应用指令一览表

分类	指令编号 FNC	指令助记符	指令格式、操作数（可用软元件）	指令名称及功能简介	D 命令	P 命令
程序流程	00	CJ	[S]（指针 P0～P127）	条件跳转；程序跳转到[S]P 指针指定处 P63 为 END 步序，不需指定		0
	01	CALL	[S]（指针 P0～P127）	调用子程序；程序调用[S]P 指针指定的子程序，嵌套 5 层以内		0
	02	SRET		子程序返回；从子程序返回主程序		
	03	IRET		中断返回主程序		
	04	EI		中断允许		
	05	DI		中断禁止		
	06	FEND		主程序结束		
	07	WDT		监视定时器；顺控指令中执行监视定时器刷新		0
	08	FOR	[S](W4)	循环开始；重复执行开始，嵌套 5 层以内		
	09	NEXT		循环结束；重复执行结束		
传送和比较	010	CMP	[S1] (W4)　[S2] (W4)　[D] (B′)	比较；[S1]同[S2]比较→[D]	0	0
	011	ZCP	[S1] (W4)　[S2] (W4)　[S] (W4)　[D] (B′)	区间比较；[S]同[S1]～[S2]比较→[D]，[D]占 3 点	0	0
	012	MOV	[S] (W4)　[D] (W2)	传送；[S]→[D]	0	0
	013	SMOV	[S] (W4)　[m1] (W4″)　[m2] (W4″)　[D] (W2)　n (W4″)	移位传送；[S]第 m1 位开始的 m2 个数位移到[D]的第 n 个位置，m1、m2、n=1～4		0
	014	CML	[S] (W4)　[D] (W2)	取反；[S]取反→[D]	0	0
	015	BMOV	[S] (W3′)　[D] (W2′)　n (W4″)	块传送；[S]→[D]（n 点→n 点），[S]包括文件寄存器，n≤512		0
	016	FMOV	[S] (W4)　[D] (W2′)　n (W4″)	多点传送；[S]→[D]（1 点～n 点）；n≤512	0	0
	017	XCH	[D1] (W2)　[D2] (W2)	数据交换；[D1]←→[D2]	0	0
	018	BCD	[S] (W3)　[D] (W2)	求 BCD 码；[S]16/32 位二进制数转换成 4/8 位 BCD→[D]	0	0
	019	BIN	[S] (W3)　[D] (W2)	求二进制码；[S]4/8 位 BCD 转换成 16/32 位二进制数→[D]	0	0

续表

分类	指令编号 FNC	指令助记符	指令格式、操作数（可用软元件）			指令名称及功能简介	D命令	P命令
四则运算和逻辑运算	020	ADD	[S1](W4)	[S2](W4)	[D](W2)	二进制加法；[S1]+[S2]→[D]	0	0
	021	SUB	[S1](W4)	[S2](W4)	[D](W2)	二进制减法；[S1]-[S2]→[D]	0	0
	022	MUL	[S1](W4)	[S2](W4)	[D](W2′)	二进制乘法；[S1]×[S2]→[D]	0	0
	023	DIV	[S1](W4)	[S2](W4)	[D](W2′)	二进制除法；[S1]÷[S2]→[D]	0	0
	024	INC	[D](W2)			二进制加 1；[D]+1→[D]	0	0
	025	DEC	[D](W2)			二进制减 1；[D]-1→[D]	0	0
	026	AND	[S1](W4)	[S2](W4)	[D](W2)	逻辑字与；[S1]∧[S2]→[D]	0	0
	027	OR	[S1](W4)	[S2](W4)	[D](W2)	逻辑字或；[S1]∨[S2]→[D]	0	0
	028	XOR	[S1](W4)	[S2](W4)	[D](W2)	逻辑字异或；[S1]⊕[S2]→[D]	0	0
	029	NEG	[D](W2)			求补码；[D]按位取反+1→[D]	0	0
循环移位与移位	030	ROR	[D](W2)		n(W4″)	循环右移；执行条件成立，[D]循环右移 n 位（高位→低位→高位）	0	0
	031	ROL	[D](W2)		n(W4″)	循环左移；执行条件成立，[D]循环左移 n 位（低位→高位→低位）	0	0
	032	RCR	[D](W2)		n(W4″)	带进位循环右移；[D]带进位循环右移 n 位（高位→低位→十进位→高位）	0	0
	033	RCL	[D](W2)		n(W4″)	带进位循环左移；[D]带进位循环左移 n 位（低位→高位→十进位→低位）	0	0
	034	SFTR	[S](B)	[D](B′)	n1(W4″)	n2(W4″)	位右移；n2 位[S]右移→n1 位[D]，高位进，低位溢出		0
	035	SFTL	[S](B)	[D](B′)	n1(W4″)	n2(W4″)	位左移；n2 位[S]左移→n1 位[D]，低位进，高位溢出		0
	036	WSFR	[S](W3′)	[D](W2′)	n1(W4″)	n2(W4″)	字右移；n2 字[S]右移→[D]开始的 n1 字，高字进，低字溢出		0
	037	WSFL	[S](W3′)	[D](W2′)	n1(W4″)	n2(W4″)	字左移；n2 字[S]左移→[D]开始的 n1 字，低字进，高字溢出		0
	038	SFWR	[S](W4)	[D](W2′)	n(W4″)	FIFO 写入；先进先出控制的数据写入，2≤n≤512		0
	039	SFRD	[S](W2′)	[D](W2′)	N(W4′)	FIFO 读出；先进先出控制的数据读出，2≤n≤512		0

分类	指令编号 FNC	指令助记符	指令格式、操作数（可用软元件）				指令名称及功能简介	D 命令	P 命令
数据处理	040	ZRST	[D1] (W1′、B′)		[D2] (W1′、B′)		成批复位[D1]～[D2]复位，[D1]<[D2]		0
	041	DECO	[S] (B、W1、W4″)	[D] (B′、W1)	n (W4″)		解码；[S]的 n(n=1～8)位二进制数解码为十进制数 α→[D]，使[D]的第 α 位为"1"		0
	042	ENCO	[S] (B、W1)	[D] (W1)	n (W4″)		编码；[S]的 2n(n=1～8)位中的最高"1"位代表的位数（十进制数）编码为二进制数后→[D]		0
	043	SUM	[S] (W4)		[D] (W2)		求置 ON 位的总和；[S]中"1"的数目存入[D]	0	0
	044	BON	[S] (W4)	[D] (B′)	n (W4″)		ON 位判断；[S]中第 n 位为 ON 时，[D]为 ON（n=0～15）		0
	045	MEAN	[S] (W3′)	[D] (W2)	n (W4″)		平均值；[S]中 n 点平均值→[D]（n=1～64）		0
	046	ANS	[S] (T)	m (K)	[D] (S)		标志复位；若执行条件为 ON，[S]中定时器定时 mms 后，标志位[D]置位。[D]为 S900～S999		
	047	ANR					标志复位；被置位的定时器复位		0
	048	SOR	[S] (D、W4″)		[D] (D)		二进制平方根；[S]平方根值→[D]	0	0
	049	FLT	[S] (D)		[D] (D)		二进制整数与二进制浮点数转换；[S]内二进制整数→[D]二进制浮点数	0	0
高速处理	050	REF	[D] (X、Y)		n (W4″)		输入/输出刷新；指令执行，[D]立即刷新。[D]为 X000、X010…，Y000、Y010…，n 为 8、16…256		0
	051	REFF	n (W4″)				滤波调整；输入滤波时间调整为 nms，刷新 X000～X017，n=0～60		0
	052	MTR	[S] (X)	[D1] (Y)	[D2] (B′)	n (W4″)	矩阵输入（使用一次）；n 列 8 点数据以[D1]输出的选通信号分时将[S]数据读入[D2]		
	053	HSCS	[S1] (W4)	[S2] (C)	[D] (B′)		比较置位（高速计数）；[S1]=[S2]时，[D]置位，中断输出到 Y，[S2]为 C235～C255	0	
	054	HSCR	[S1] (W4)	[S2] (W4)	[D] (B′C)		比较复位（高速计数）；[S1]=[S2]时，[D]复位，中断输出到 Y，[D]为 C 时，自复位	0	
	055	HSZ	[S1] (W4)	[S2] (W4)	[S] (C)	[D] (B″)	区间比较（高速计数）；[S]与[S1]～[S2]比较，结果驱动[D]	0	
	056	SPD	[S1] (X0～X5)	[S2] (W4)	[D] (W1)		脉冲密度；在[S2]时间内，将[S1]输入的脉冲存入[D]		

分类	指令编号 FNC	指令助记符	指令格式、操作数（可用软元件）				指令名称及功能简介	D命令	P命令
高速处理	057	PLSY	[S1] (W4)	[S2] (W4)	[D] (Y0 或 Y1)		脉冲输出（使用一次）；以[S1]的频率从[D]送出[S2]个脉冲；[S1]：1～1000Hz	0	
	058	PWM	[S1] (W4)	[S2] (W4)	[D] (Y0 或 Y1)		脉宽调制（使用一次）；输出周期[S2]、脉冲宽度[S1]的脉冲至[D]。周期为 1～32767ms		
	059	PLSR	[S1] (W4)	[S2] (W4)	[S3] (W4)	[D] (Y0 或 Y1)	可调速脉冲输出（使用一次）；[S1]最高频率：10～20000 Hz；[S2]总输出脉冲数；[S3]增减速时间；5000ms 以下；[D]：输出脉冲	0	
便利指令	060	IST	[S] (X、Y、M)	[D1] (S20～S899)	[D2] (S20～S899)		状态初始化（使用一次）；自动控制步进顺控中的状态初始化。[S]为运行模式的初始输入；[D1]为自动模式中的实用状态的最小号码；[D2]为自动模式中的实用状态的最大号码		
	061	SER	[S1] (W3′)	[S2] (C′)	[D] (W2′)	n (W4″)	查找数据；检索以[S1]为起始的n个与[S2]相同的数据，并将其个数存于[D]	0	0
	062	ABSD	[S1] (W3′)	[S2] (C′)	[D] (B′)	n (W4″)	绝对值式凸轮控制（使用一次）；对应[S2]计数器的当前值，输出[D]开始的n点由[S1]内数据决定的输出波形		
	063	INCD	[S1] (W3′)	[S2] (C)	[D] (B′)	n (W4″)	增量式凸轮顺控（使用一次）；对应[S2]的计数器当前值，输出[D]开始的 n 点由[S1]内数据决定的输出波形。[S2]的第二个计数器统计复位次数		
	064	TIMR	[D] (D)	n (0～2)			示数定时器；用[D]开始的第二个数据寄存器测定执行条件 ON 的时间，乘以 n 指定的倍率存入[D]，n 为 0～2		
	065	STMR	[S] (T)	m (W4″)	[D] (B′)		特殊定时器；m指定的值作为[S]指定定时器的设定值，使[D]指定的 4 个器件构成延时断开定时器、输入 ON→OFF 后的脉冲定时器、输入 OFF→ON 后的脉冲定时器、滞后输入信号向相反方向变化的脉冲定时器		
	066	ALT	[D] (B′)				交替输出；每次执行条件由 OFF→ON 的变化时，[D]由 OFF→ON、ON→OFF……交替输出	0	

分类	指令编号 FNC	指令助记符	指令格式、操作数（可用软元件）				指令名称及功能简介	D 命令	P 命令
便利指令	067	RAMP	[S1] (D)	[S2] (D)	[D] (B′)	n (W4″)	斜波信号；[D]的内容从[S1]的值到[S2]的值慢慢变化，其变化时间为 n 个扫描周期。n:1~32767		
	068	ROTC	[S] (D)	m1 (W4″)	m2 (W4″)	[D] (B′)	旋转工作台控制（使用一次）；[S]指定开始的 D 为工作台位置检测计数寄存器，其次指定的 D 为取出位置号寄存器，再次指定的 D 为要取工件号寄存器，m1 为分度区数，m2 为低速运行行程。完成上述设定，指令就自动在[D]指定输出控制信号		
	069	SORT	[S] (D)	m1 (W4″)	m2 (W4″)	[D] (D)	n (W4″)	表数据排序（使用一次）；[S]为排序表的首地址，m1 为行号，m2 为列号。指令将 n 指定的列号，将数据从小开始进行整理排列，结果存入以[D]指定的为首地址的目标元件中，形成新的排序表；m1:1~32，m2:1~6，n:1~m2		
外部机器 I/O	070	TKY	[S] (B)	[D1] (W2′)	[D2] (B′)		十键输入（使用一次）；外部十键键号依次为 0~9，连接于[S]，每按一次键，其键号依次存入[D1]，[D2]指定的位元件依次为 ON	0	
	071	HKY	[S] (X)	[D1] (Y)	[D2] (W1)	[D3] (B′)	十六键输入（使用一次）；以[D1]为选通信号，顺序将[S]所按键号存入[D2]，每次按键以 BIN 码存入，超出上限 9999，溢出；按 A~F 键，[D3]指定位元件依次为 ON	0	
	072	DSW	[S] (X)	[D1] (Y)	[D2] (W1)	n (W4″)	数字开关（使用二次）；四位一组（n=1）或四位二组（n=2）BCD 数字开关由[S]输入，以[D1]为选通信号，顺序将[S]所键入数字送到[D2]		
	073	SEGD	[S] (W4)		[D1] (W2)		七段码译码；将[S]低四位指定的 0~F 的数据译成七段码显示的数据格式存入[D]，[D]高 8 位不变		0
	074	SEGL	[S] (W4)	[D1] (X)	n (W4″)		带锁存七段码显示（使用二次），四位一组（n=0~3）或四位二组（n=4~7）七段码，由[D]的第 2 个四位为选通信号，顺序显示由[S]经[D]的第 1 个四位或[D]的第 3 个四位输出的值		0